THE POWER OF TREES
樹の力

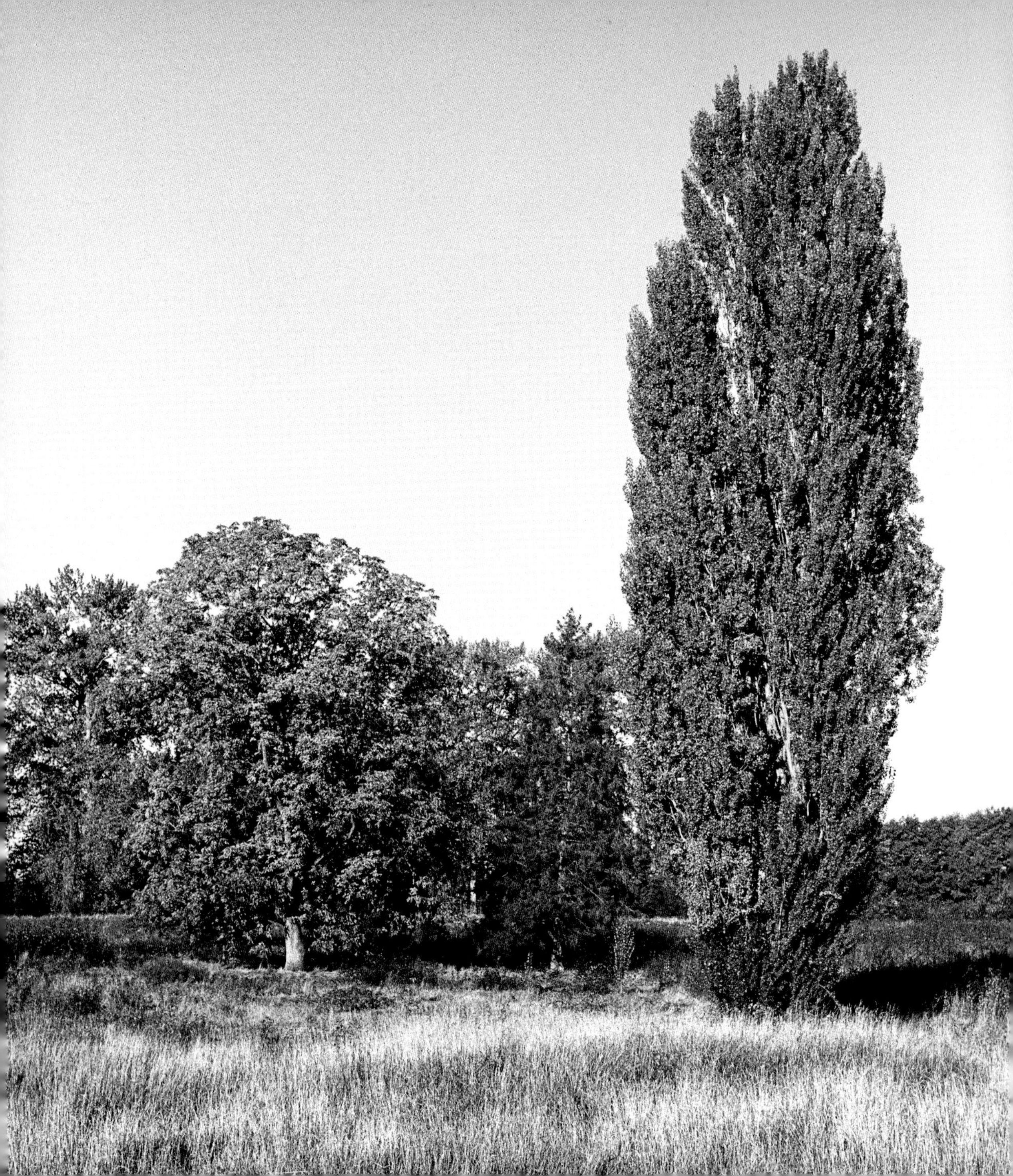

本書を推薦します

　樹について語ろう。樹を通して命の世界に触れよう。そして、何もかも見通して、この地球の生態系を育み、守り、創り続けている樹の力を称えよう。本書は樹を詩的に歌い上げ、現実の姿を映像で切り取った稀有な本です。１時間の付き合いで、知的な森林浴が満喫できます。

2014年9月

中部大学学長　山下 興亜（やました おきつぐ）

日本の読者のみなさまへ

　西洋人からすると、日本文化がもつ樹に対しての造詣の深さには、感銘を覚えずにはいられません。時間を超越した"盆栽"は、他に類のない人と樹の親密な関係がかたちになったものといえます。そして、いろいろな人々によって何世代にも渡って受け継がれてきたことに思いを馳せると、こころが魅了されます。また、花の盛りや紅葉といった、はかなさを愛でる伝統的な花見と紅葉狩りも、人と樹の親密さを橋渡しする理想的なものといえます。私は、紅葉する葉の中でもひときわ光彩を放ち、ミステリアスな歴史を秘め、優美なその見かけとは対照的に1,500年以上も生き抜くことのできる強靭なイチョウを愛してやみません。

　日本人の樹に対する畏敬の念は、タンスといった古い家庭用品や世界的に有名な法隆寺のような木造建築の仏教寺院など、樹の巧みな利用法からもみてとれます。それに生態学者として、日本の里山の景観には、限りない魅力を感じています。樹は、飲料水や住まいを与えてくれるだけでなく、審美眼を養い、瞑想し、殺伐とした現代社会からひととき逃れることのできる場を提供し、人と自然の調和をかもしだしてくれています。このような人と樹の関係は、日本的な考え方や詩的なもの、視覚芸術からも多くをみてとれます。

　今日、樹や森林だけでなく、すべての自然が多くの問題を抱えています。樹と人の関係について理解を深め、失われた関係性を回復するためには、世界に向けて科学、政治、経済、社会のいずれにおいても、日本が強いリーダーシップを発揮していくことが問題解決のための鍵になっているといえます。

ストックホルム・スウェーデンにて
2014年8月
グレッチェン・デイリー

Text By GRETCEN C. DAILEY
グレッチェン .C. デイリー [文]

Photographs By CHARLES J. KATZ Jr.
チャールズ .J. カッツ .Jr [写真]

樹の力
THE POWER OF **Trees**

勇気と威厳があり、やさしく優美だった
父、チャールズ・D・デイリー、M.D.

そして、愛する父であり、写真をおしえてくれた
チャールズ・J・カッツに捧げる

誰もが一本の樹を思い浮かべるとき、その一本の樹は独立した存在だと思いがちです。それは、ある次元の中だけで思い浮かべるからです。もっとその樹に近づいてみなさい。その一本の樹は独立した存在ではないことに気づくはずです。その一本の樹のことをもっとよく考えることができたなら、その一本の樹は宇宙にまで広がる繊細な網のようにさまざまなものと結びついていることに気づくはずです。葉を洗う雨、枝をゆらす風、樹を育み支えるための大地。そして、すべての季節や天気、月あかり、星のまたたき、太陽の陽射し。さまざまなものとの結びつきのなかで、一本の樹はかたちづくられているのです。その一本の樹のことを心のもっと奥深いところで考えられるようになると、この宇宙にあるすべてのものが、その一本の樹が樹であるために必要なものであることに気づくはずです。その一本の樹が樹であるためには、ひとときも他との結びつきを断つことができないことにも。そして樹の性質は、刻一刻と変化し続けていることにも。
　　　　――ソギャル・リンポチェ（1994）無常のメッセージ―死の内なる希望、「チベットの生と死の書」、Harper Collins, New York, pp.37-38.

When you think of a tree, you tend to think of a distinctly defined object; and on a certain level...it is. But when you look more closely...you will see that ultimately it has no independent existence. When you contemplate it, you will find that it dissolves into an extremely subtle net of relationships that stretches across the universe. The rain that falls on its leaves, the wind that sways it, the soil that nourishes and sustains it, all the seasons and the weather, moonlight and starlight and sunlight – all form part of this tree. As you begin to think about the tree more and more, you will discover that everything in the universe helps to make the tree what it is; that it cannot at any moment be isolated from anything else; and that at every moment its nature is subtly changing.
　　　　―― SOGYAL RINPOCHE, The Tibetan Book of Living and Dying 1994 37-38 Harper Collins

Trees seem so still...
沈黙しているようにみえる樹

沈黙しているようにみえる樹も、じつは地球上でもっとも躍動的な生命の営みの中に身を置いている。樹は、はるか9,300マイル[1]（約1億5,000万km）かなたから降り注ぐ太陽エネルギーを一身に受けている。そして樹は太陽エネルギーを利用して、炭素、水素、酸素、窒素、リン、イオウの6つの基本元素を循環させている。この6つの基本元素は、生命という名の薄い層「生物圏」で繰り広げられている生命の営みの95％以上を結びつけている。この生命の循環を例えるなら、海中のマングローブ[2]の根から基本元素をもらって育ったエビをヒトが食べたとき、エビだけでなくヒトもマングローブから基本元素をもらったことになる。

Trees seem so still, yet they are among the greatest life forces of movement on Earth. They draw their power across 93 million miles, from the sun. They use it to drive cycles of six fundamental elements - carbon, hydrogen, oxygen, nitrogen, phosphorus, and sulfur - that together make up 95 percent of all living tissue in the biosphere, the thin layer of life at Earth's surface. These cycles are at play when, for example, a person eats shrimp that were nourished amid the roots of a mangrove forest: the shrimp and then the person take up fundamental elements from the mangroves.

1) 1マイル＝ 1609.344 m
2) マングローブ：熱帯から亜熱帯の汽水域の潮間帯に生育する樹木の総称。

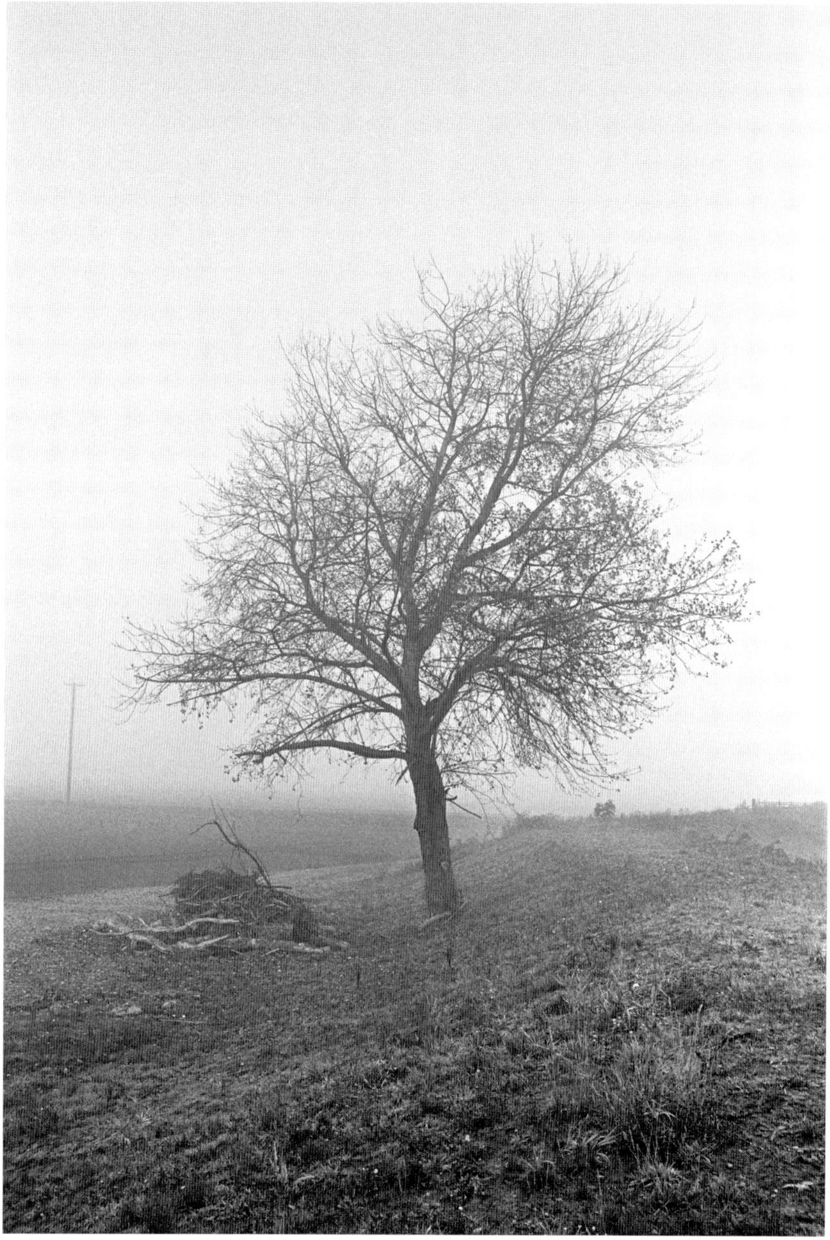

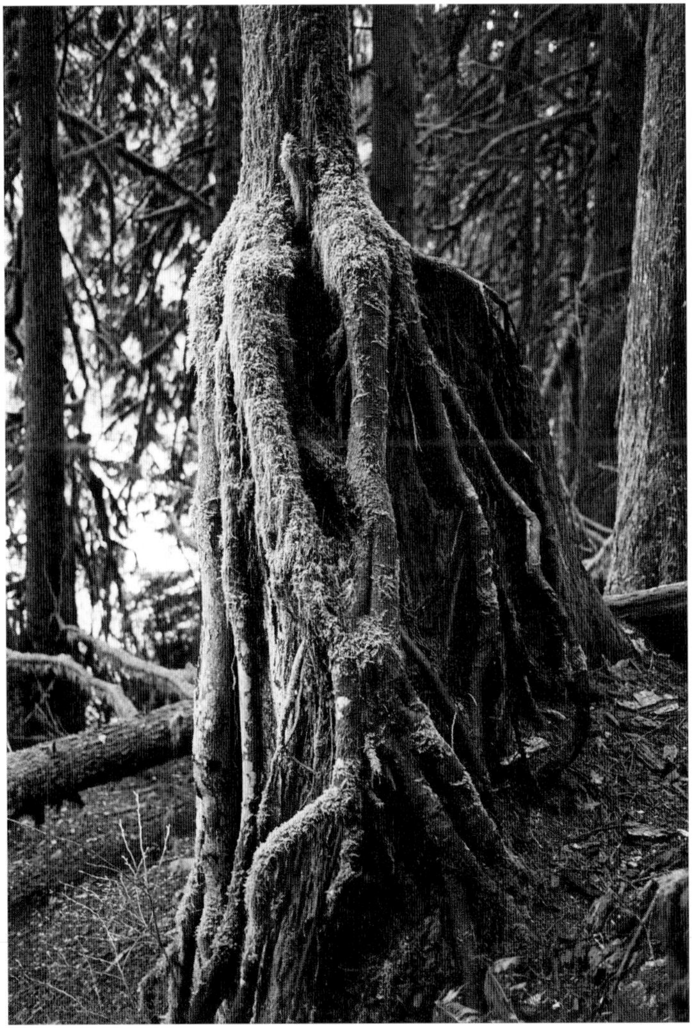

生命の本質とは、うまれかわることともいえる。物質的には、うまれかわるとは代謝という化学的プロセスを通しておこる。そして生命が終焉を迎えるとき、もっともドラマティックなものになる。つまり物質としてのからだが、まったく別のモノにうまれかわる。それは時に火で焼かれたり、他のいきものの餌となったりして、微生物からライオンへと、時にはジャイアント・セコイア[1]へとうまれかわっていく。基本的には、すべてのいきものは同じ一枚の布として綴られているといえる。それは、すべてのいきもののからだを構成する要素が、悠久の時を越え、森の中に宿り、さまざまなモノとして循環してきたためといえるからだ。

One could say that the essence of life is renewal. And in material terms, renewal comes about through the chemical processes of metabolism, most dramatically when a life comes to a close. Then the physical body containing it is transformed, consumed sometimes by fire and mostly by other living beings, from microbes to lions to giant sequoias. Fundamentally, we are indeed all of the same cloth, and the very constituents of our own bodies have likely resided in forests for many periods of time.

1) セコイアデンドロン *Sequoiadendron giganteum*（ヒノキ科 *Cupressaceae*）：アメリカ合衆国シエラネヴァダ山脈西斜面に自生する巨木。ジャイアント・セコイア、セコイアスギとも呼ばれている。

繊細な根を通して、樹は地中から水を吸い上げている。なかには地下200フィート[1]（約61m）の深さからでも吸い上げてしまう樹もある。たった一本でも、それが大樹なら一日に1トン以上の水を地上へと吸い上げてしまう。しかも、流音を立てることもなく、そんなに大量の水を吸い上げている素振りをみせることもなく。こんな大樹が200本もそろえば、大きな積雲をつくることもできてしまう。だから森全体を雲が浮かんだ空と、たとえることもできてしまう。アマゾンでは、樹の蒸散作用によって降った雨の50％以上がすぐに雲に変えられてしまう。すべての樹をあわせると、アマゾンの森だけでも毎年8兆トンもの水を大気圏に送り返している。「天空の大河」ともいえるこの巨大な水循環は、地球規模の大気循環に大きな影響を与えている。

Through fine roots, trees draw water from underground, some from depths of over 200 feet. A single large tree may pump over a ton of water into the sky in a day, making no sound or visible sign. Two hundred such trees can produce a cumulus cloud. And a whole forest can give the sky feeling. In the Amazon, about 50 percent of falling rain is first made into clouds by trees. All told, the forests of the Amazon contribute about 8 trillion tons of water to the atmosphere each year, creating "rivers in the sky" that are a powerful influence on atmospheric circulation globally.

1）1フィート = 0.3048 m

...the essence of life is renewal
生命の本質とは、うまれかわること

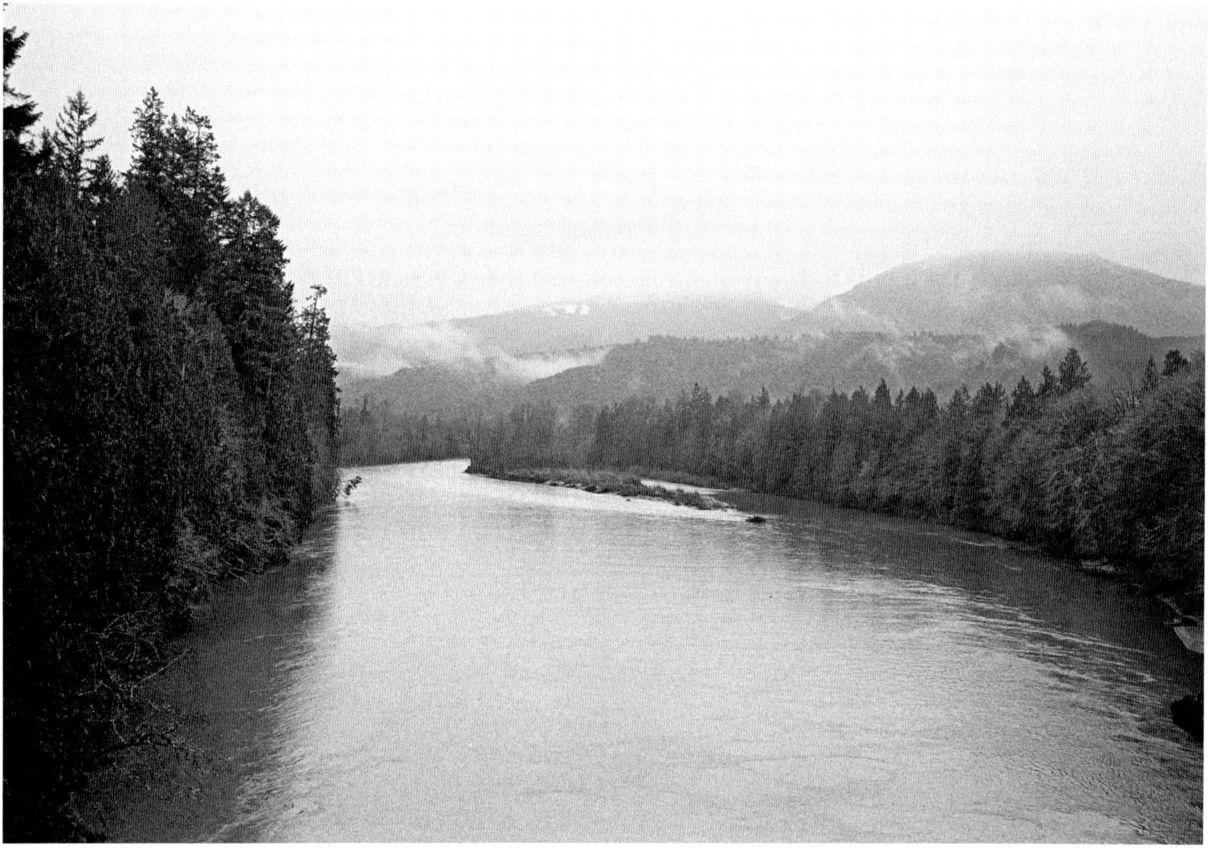

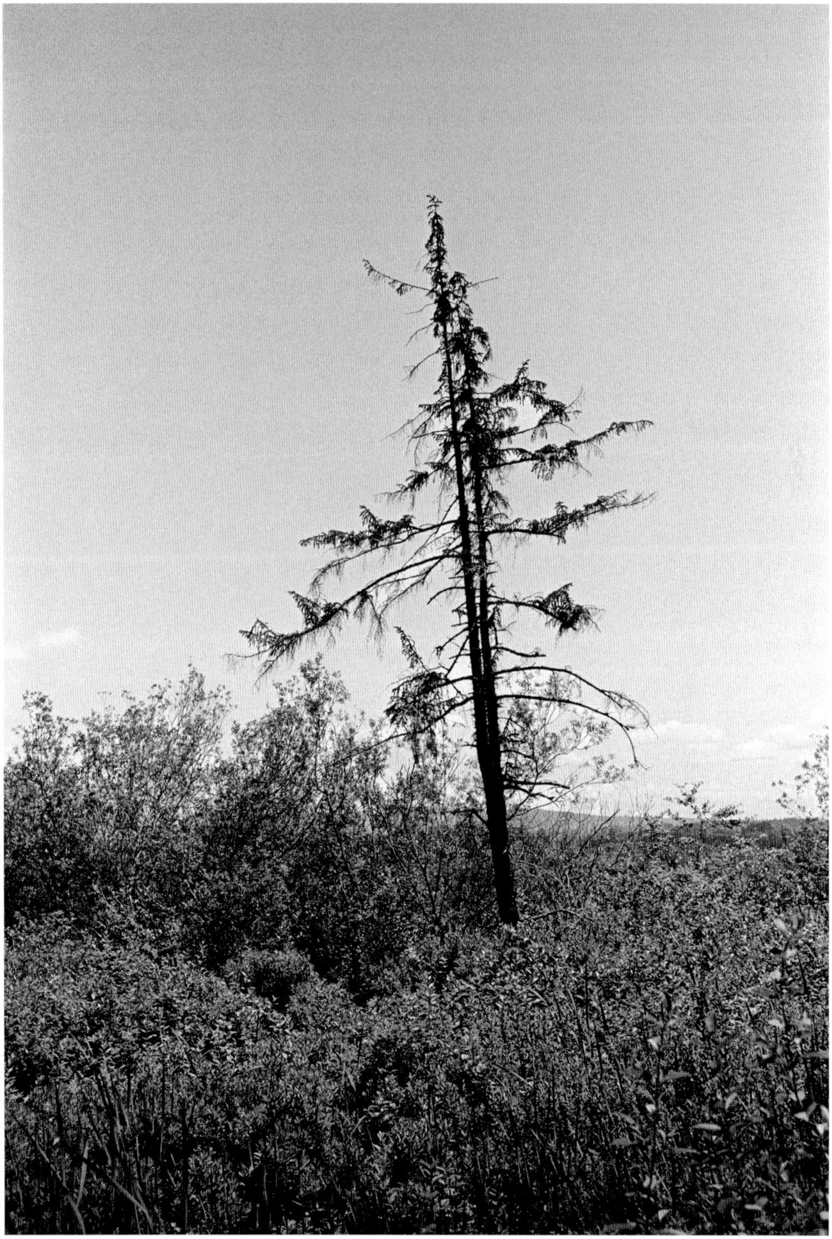

葉は、自然界で最も精巧な太陽エネルギーシステムといえる。植物や動物の活動に必要な化学エネルギーを太陽光から変換している。葉は太陽からの光子を利用して、水を水素とヒトや動物の呼吸に必要な酸素に分解している。ハワイ・マウナロア山頂で、1958年から測定されている二酸化炭素濃度は、季節のうつろいにあわせてリズミカルに変動している。この変動は、地球上の大陸が集中している北半球の森の呼吸に同調している。つまり、北半球に春が訪れるとみずみずしく茂りはじめた新緑によって大気中の二酸化炭素が吸収され、秋になって葉が落葉し腐敗すると二酸化炭素は再び大気中に放出されてしまう。

Leaves are nature's most sophisticated solar energy systems, converting light into chemical energy to fuel the activities of plants and animals. With photons, mostly from the sun, they cleave water into hydrogen and the oxygen that we and all other animals need to breathe. Carbon dioxide has been measured from the top of Mauna Loa in Hawai'i since 1958; its concentration rises and falls rhythmically with the seasons, driven by forests in the Northern hemisphere where Earth's land mass is concentrated. Lush new growth soaks up carbon dioxide in the northern spring and returns it to the atmosphere in the autumn fall and decay of leaves.

化学の達人ともいえる葉は、炭素に水から分解した水素や他の基本元素を結合させている。そして植物や動物の生育に必要な糖、脂肪、タンパク質を複雑に組み合わせた物質を生成している。

　こうして生成された物質は、樹自身のためにもおおいに役立てている。例えば、光を捉えるための色素、昆虫を花に誘い込むための色彩や香り、種子を拡散してくれる鳥やコウモリを誘引するための果実。さらに樹自身を捕食者から防御するための強力な毒も生成している。樹が生成した物質は、もちろんヒトにもさまざまなかたちで貢献している。特に、医薬品の起源をたどっていくと、そのほとんどが自然界の化学の達人にたどりつく。

Leaves are also masters of chemistry, combining the carbon with hydrogen (from water) and other fundamental elements to yield a complex array of sugars, fats, and proteins that nourish the plant and then feed our animal world.

These substances serve trees in many ways, for examples as pigments for capturing light; as colors and fragrances for luring insects to flowers or for attracting seed-dispersing birds and bats to fruits; and as highly toxic defensive chemicals to repel hungry animals from eating the body parts a tree wants to protect. These substances serve humanity in many ways too, not least in our pharmaceuticals, most of which trace their origin to nature's masters of chemistry.

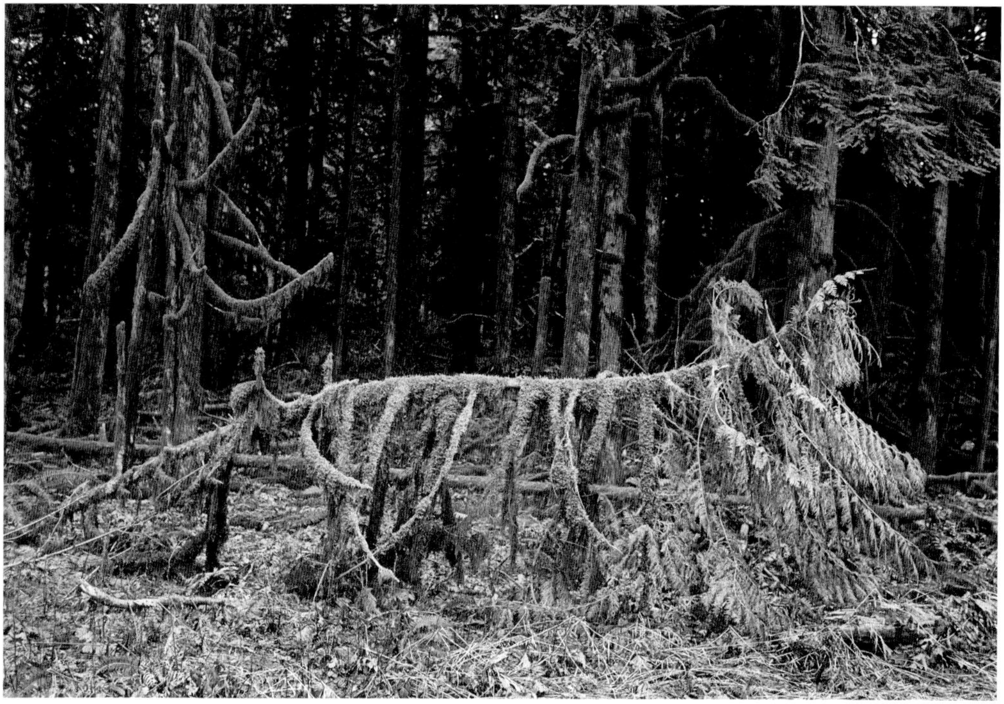

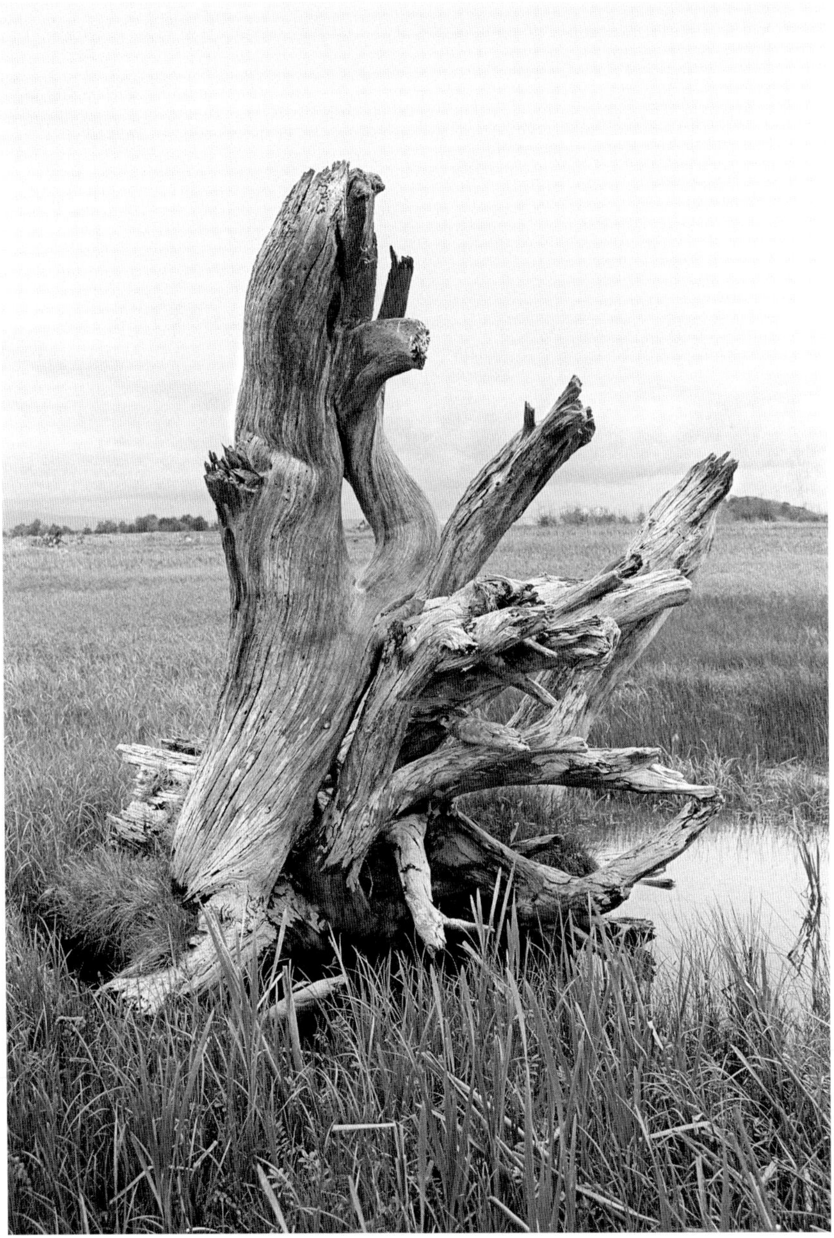

会話ができる樹もある。でも、その会話の能力がどれくらいの樹種にまで拡がっているかは誰も知らない。ある樹は、昆虫や捕食者から攻撃を受けたとき、風下にいる仲間の樹に危険を知らせるための化学物質を放出する。すると、風下にいる仲間の樹は、体内で自分たちを防御するための化学物質の生成を加速させる。

Some trees clearly can talk to one another, though no one knows how widespread this ability is. When attacked by insects or other predators, certain trees emit airborne chemicals that signal trouble to downwind trees, which in turn boost their own production of chemical defenses.

Some trees can talk to one another ...
樹の会話

6万種はくだらない樹の種類。樹は4億以上の歴史をかけて、地球上のほとんどすべての陸地に分布を拡大した。樹は砂の吹きさらすような大地や岩だらけの崖でさえも、1本で立っていられる。そうかと思えば、樹冠を強く結びつけ、互いに協力し合いながら生きている樹もある。雨季のアマゾンでは、水位が高くなると冠水し、魚が枝のまわりを泳ぎ、その果実をついばまれてしまう樹もある。

Trees come in at least 60,000 varieties. Over their some 400-million-year history, they have staked their claim in nearly every terrestrial environment. They stand alone on windswept expanses of sand and jut out of craggy cliff faces. They live in great togetherness, canopies tightly interlinked. In seasonally flooded parts of the Amazon, under high water, fish swim among their branches and pluck their fruits.

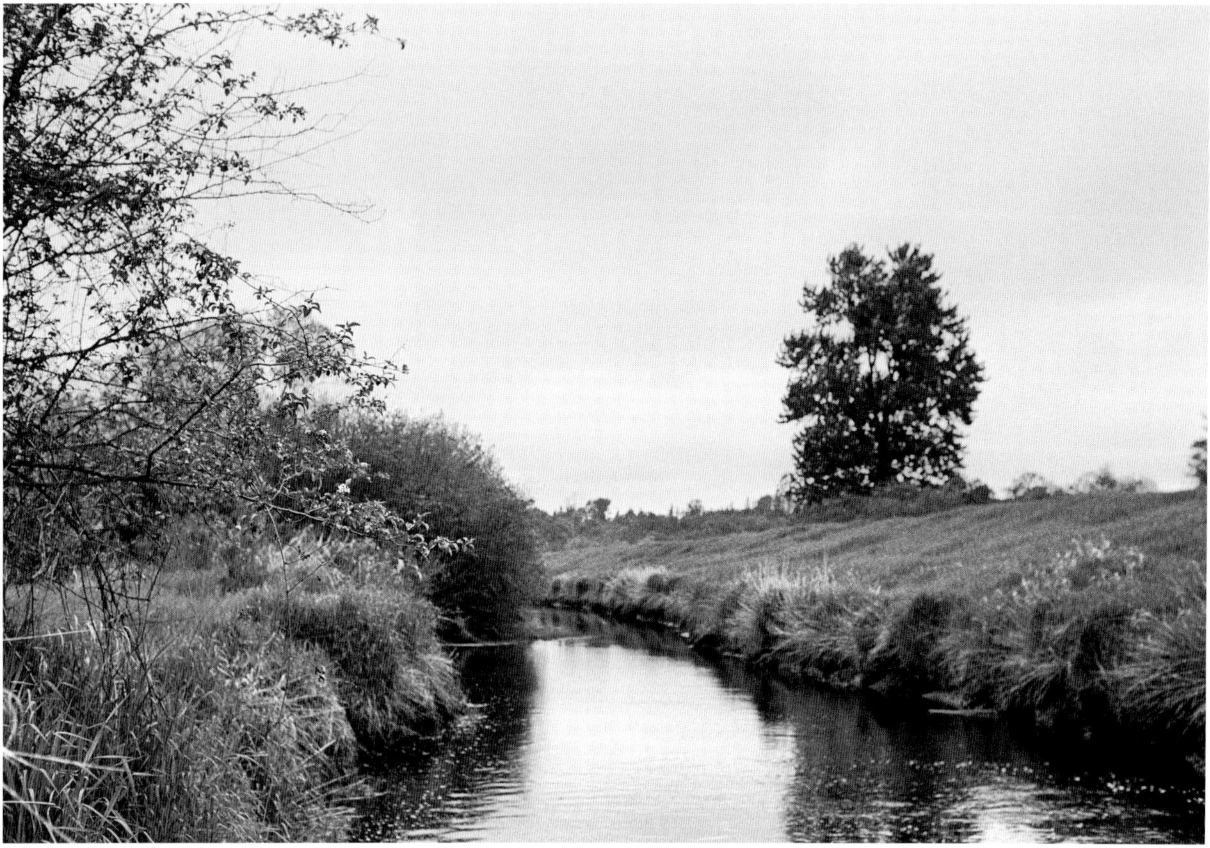

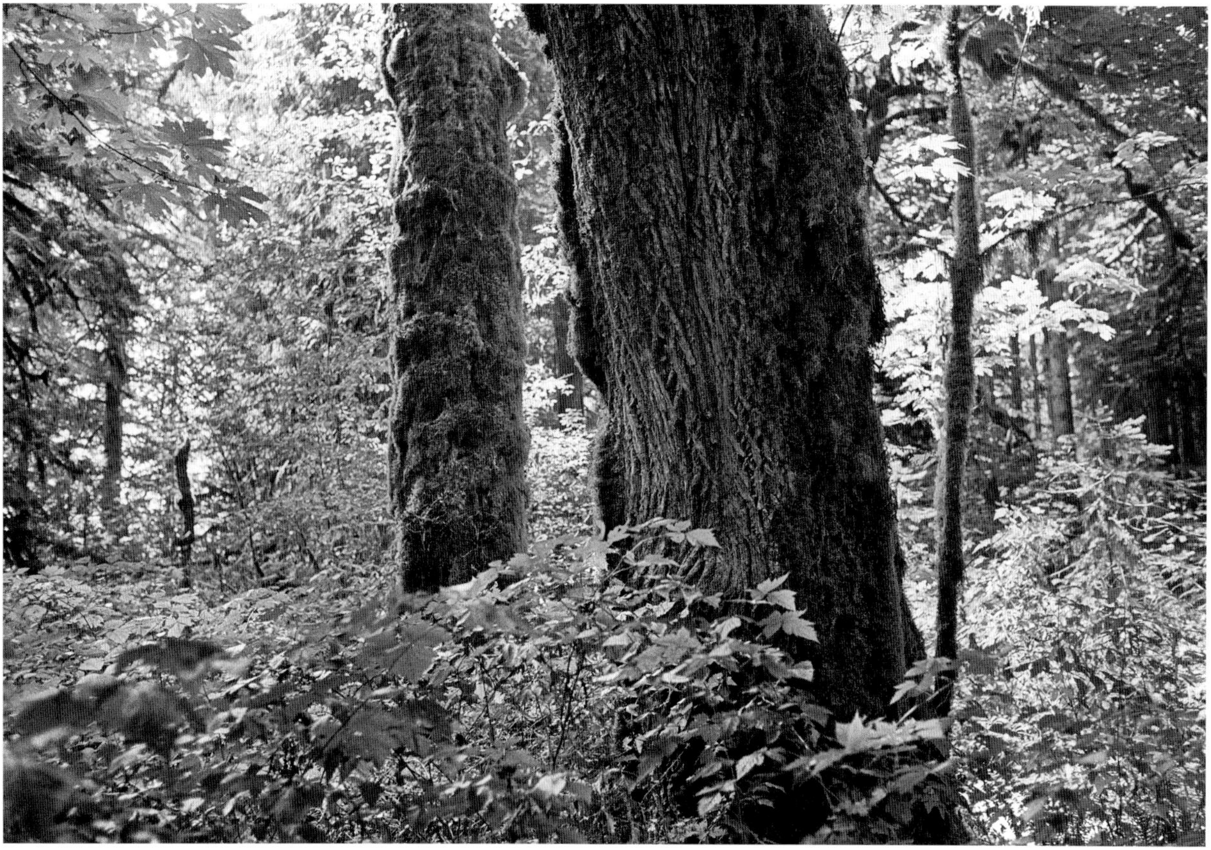

地球上に樹が誕生した後も、最初の哺乳類が現れるまで1億6,500万年かかった。さらに1億4,500万年を経て、樹冠の枝から枝を移動できる最初の原始的なサルが現れた。樹上生活をおくる中で、初期のヒトの祖先は立体視を獲得した。そのため、ヒトは嗅覚よりも視覚に頼るようになった。

After trees, Earth waited 165 million years before the first mammals appeared. And another 145 million years before the first monkeylike creatures swung from branch to branch in treetops. In their arboreal home, our early ancestors acquired three-dimensional stereo vision and reliance on sight much more than sense of smell.

... trees depend on intimate partnerships ...
樹も他のいきものに頼って生きている

　今では、樹も他のいきものに頼って生きている。たとえば、ある樹はマツボックリを開いて鳥を呼びよせ、次世代の種子を遠くへ運んでもらっている。イチジクは果実の中に小さな花をたくさん隠し持っていて、果実の先端部に開いた小さな穴を通り抜けることのできる小さなハナバチの仲間に受粉してもらっている。それに、ほとんどの樹は、根に養分を供給してくれる菌類[1]と共生している。さらに新熱帯区[2]では、樹種のおよそ85％が、発芽し成長するのに適した場所に種子を運び出してもらうのを、鳥や哺乳類に頼っている。

Today trees depend on intimate partnerships with others—for some, on birds to open their cones and deliver the next generation; for others, on tiny wasps to pierce their figs and pollinate flowers hidden within; and for most, on fungi to supply nutrition to their roots. In the Neotropics about 85 percent of tree species depend on birds and mammals for dispersing seeds—sending them off to hopefully favorable sites for germination and growth.

1）菌類：一般にキノコ・カビ・酵母と呼ばれる生物の総称。
2）新熱帯区：生物の分布から地理区分した生物地理区の一区分。南米・中米・カリブ海の島嶼・フロリダ半島南部が該当する。

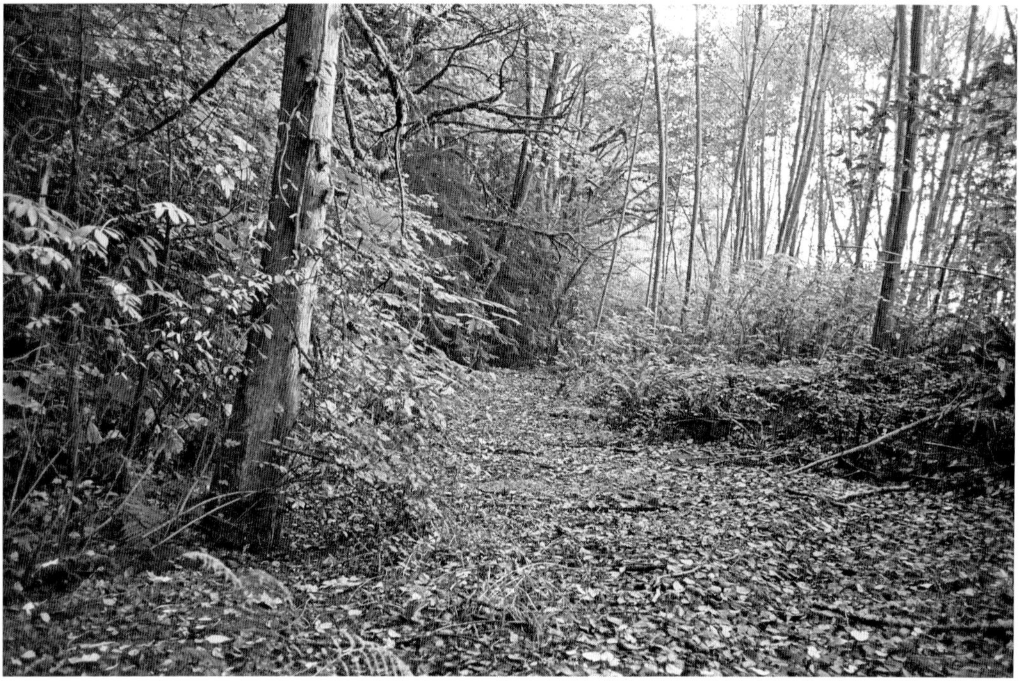

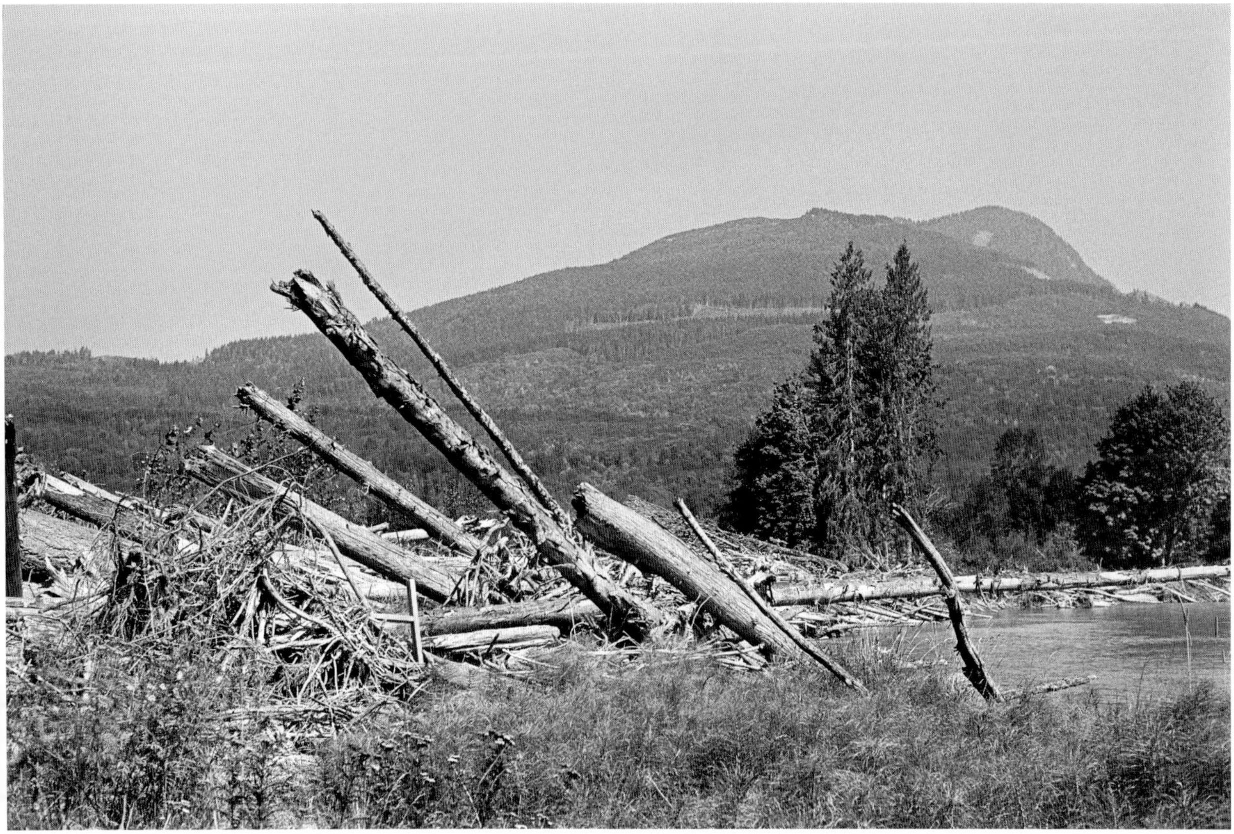

...trees became trees several times over
樹は樹になるために何度も進化した

地球上のどこであれ、十分な湿気と暖かささえあれば、樹は優占種となり競争相手を排除する。最終進化物として樹になった藻類も、4億5,000万年前に初めて陸上に進出したときの最大の課題は、重力と乾燥に対してどのように適応するかであった。事実、最も原始的な陸上植物のスギゴケ、ゼニゴケ、ツノゴケ[1]は、いまでも植物体は小さく、湿っぽい場所でしか生育できない。

Across Earth's land surface, wherever there was enough moisture and warmth, trees came to be the dominant organisms, shading out their competitors. When forms of algae, from which trees eventually evolved, first moved onto land 450 million years ago, their biggest challenges were gravity and thirst. In fact, the earliest plants - mosses, liverworts, and hornworts - to this day remain tiny and restricted to damp places.

1）ツノゴケ類 *Anthocerotophyta*：コケ植物の一群。

二つの適応進化によって樹は、重力と乾燥を克服した。その一つは重力に逆らって水を吸い上げるための「道管」[1]で、もう一つはその道管を支える堅くて丈夫な樹幹をつくるための「リグニン」[2]である。針葉樹、イチョウ、ヤシ、被子植物も、それぞれが異なった時代に、しかも独立して「道管」と「リグニン」を獲得するための適応進化を遂げた。つまり、樹は樹になるために何度も進化した。

Trees escaped these constraints with two revolutionary adaptations: vessels for conducting water up against the force of gravity, and lignin for making the hard and rigid trunk that supports these vessels. Conifers, ginkgoes, and palms and other flowering trees evolved these same adaptations independently at various times, so that trees became trees several times over.

1）道管：木部組織における水分通導の役割をしている。
2）リグニン：高分子のフェノール性化合物で、細胞間に沈着して組織全体を強固な構造にする。

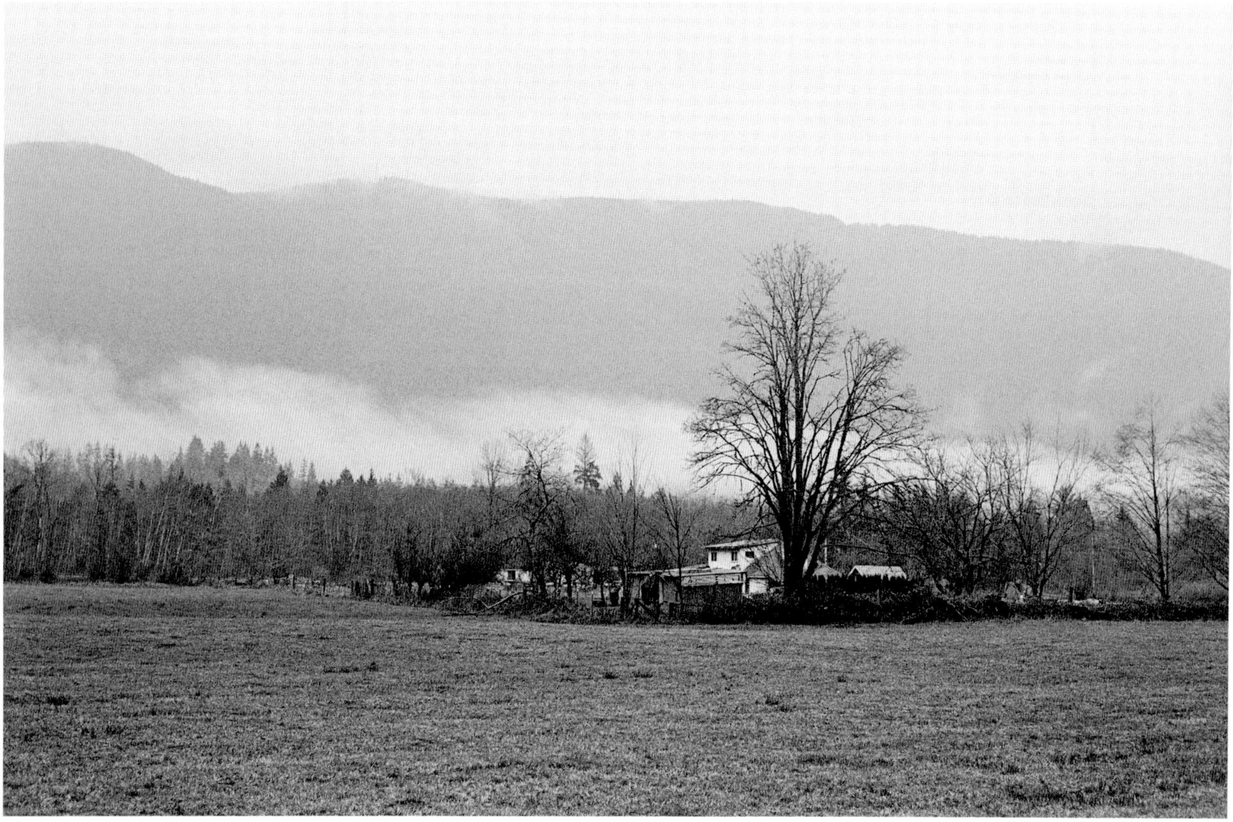

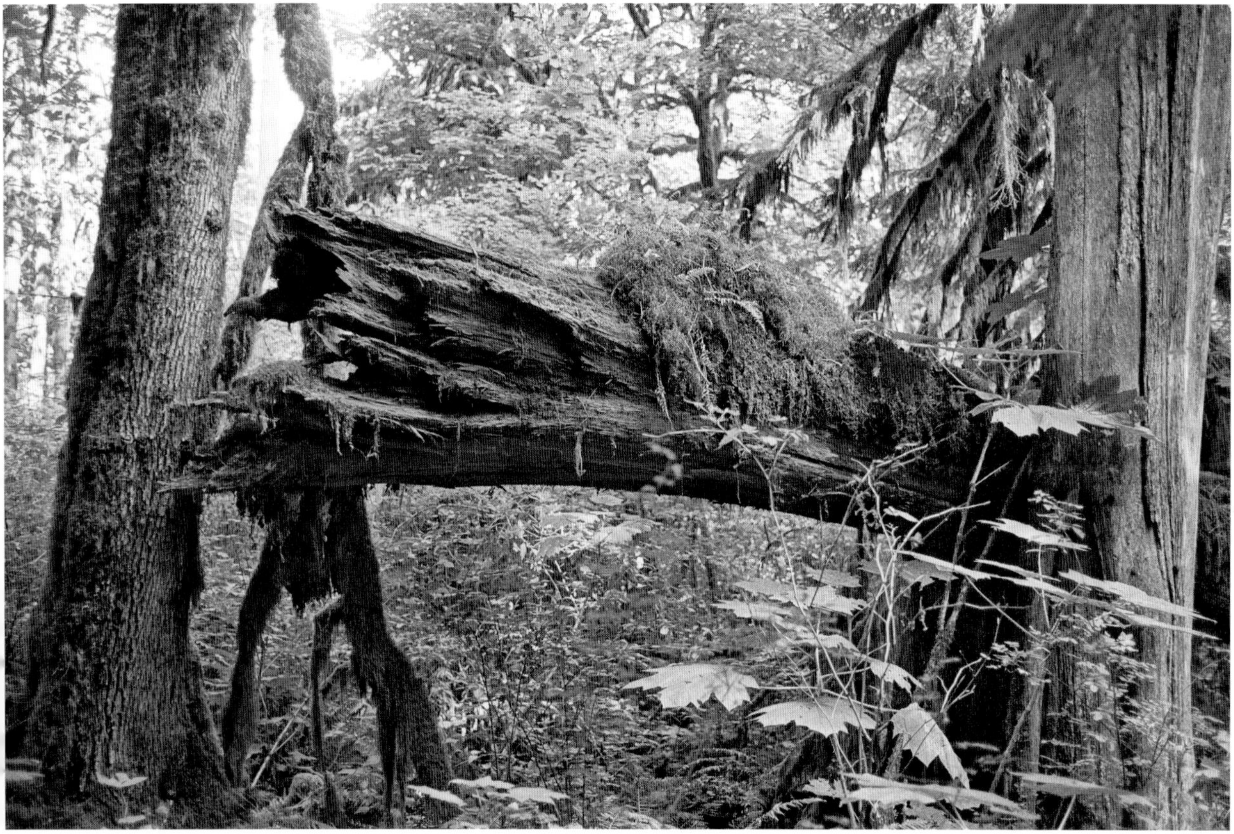

How far can trees push the limits?
樹はどこまで高くなれるのか？

木部という死んだ細胞が縦列している円柱状の組織を通って、水は根から葉へと吸い上げられる。平均的な樹幹でも、道管は数億もあり、つなげると数千マイルにもなる。樹は高くなるほど、先端部の葉まで水を吸い上げるのが難しくなってくる。それは重力に逆らうことが難しくなるだけでなく、非常に長い道管が必要となるからでもある。つまり、樹の高さは水の供給能力に制限されている。

Water is drawn up from roots to leaves through columns of dead cells, called xylem. An average trunk has hundreds of millions of these interconnected vessels that together span a few thousand miles in length. As trees grow taller and taller, gravity and the sheer length of the pipes make it difficult to pull water to the very top leaves. Thus the ultimate height seems to be limited by water supply.

樹の歴史とは、どこまで高くなれるかの物語だった。この物語は樹々の間でおこったゆっくりとした光の争奪戦だった。樹はどこまで高くなれるのか？　北カリフォルニアに生育する樹高379.1フィート（約116 m）のセコイア[1]は地球上で最も高い樹として知られている。過去にはもっと高い樹があったことも記録されていて、樹高425フィート（約130 m）もあったと考えられている。でも、これまでに原生林の95%以上が伐採されてしまっているので、現在の巨木よりも高かった多くの古木もすでに伐採されてしまっている。

The history of trees is a story of growing taller and taller, in a very slow motion race against other trees competing for light. How far can trees push the limits? The tallest known tree on Earth is a coast redwood (*Sequoia sempervirens*) that towers 379.1 feet above the forest floor in Northern California. The maximum tree height is thought to be around 425 feet, about the height of the tallest recorded trees of the past. Today over 95 percent of the original old growth forest has been logged, likely taking with it many ancient trees taller than the giants still standing.

1）セコイア *Sequoia sempervirens*（ヒノキ科 *Cupressaceae*）：常緑針葉樹。アメリカ合衆国西海岸の山脈に自生する世界有数の大高木。樹皮や心材の色からレッドウッドとも呼ばれている。

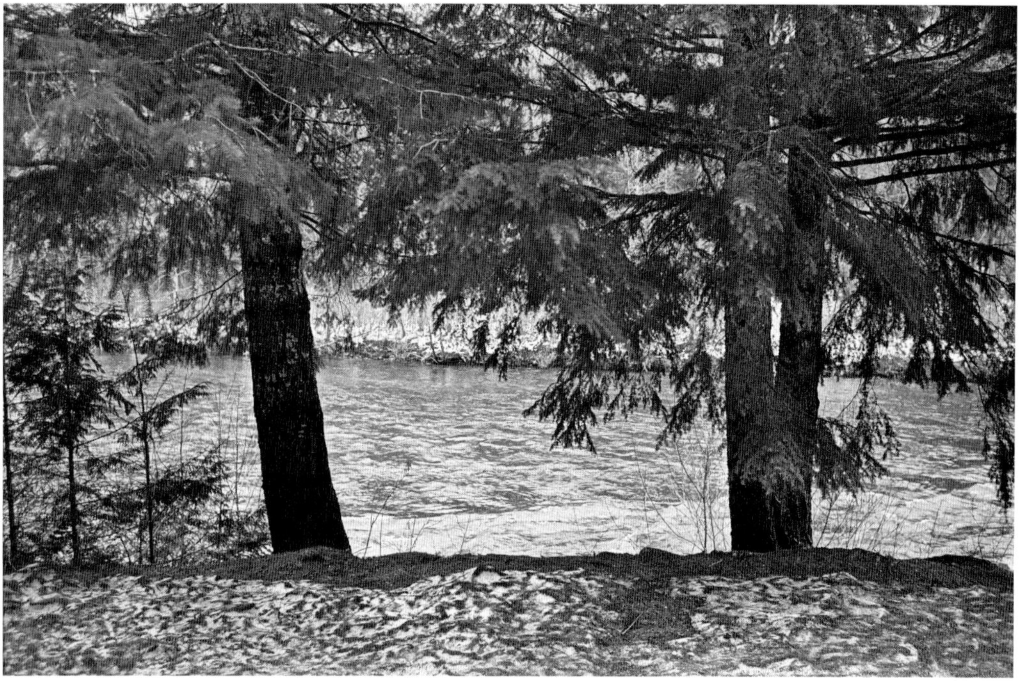

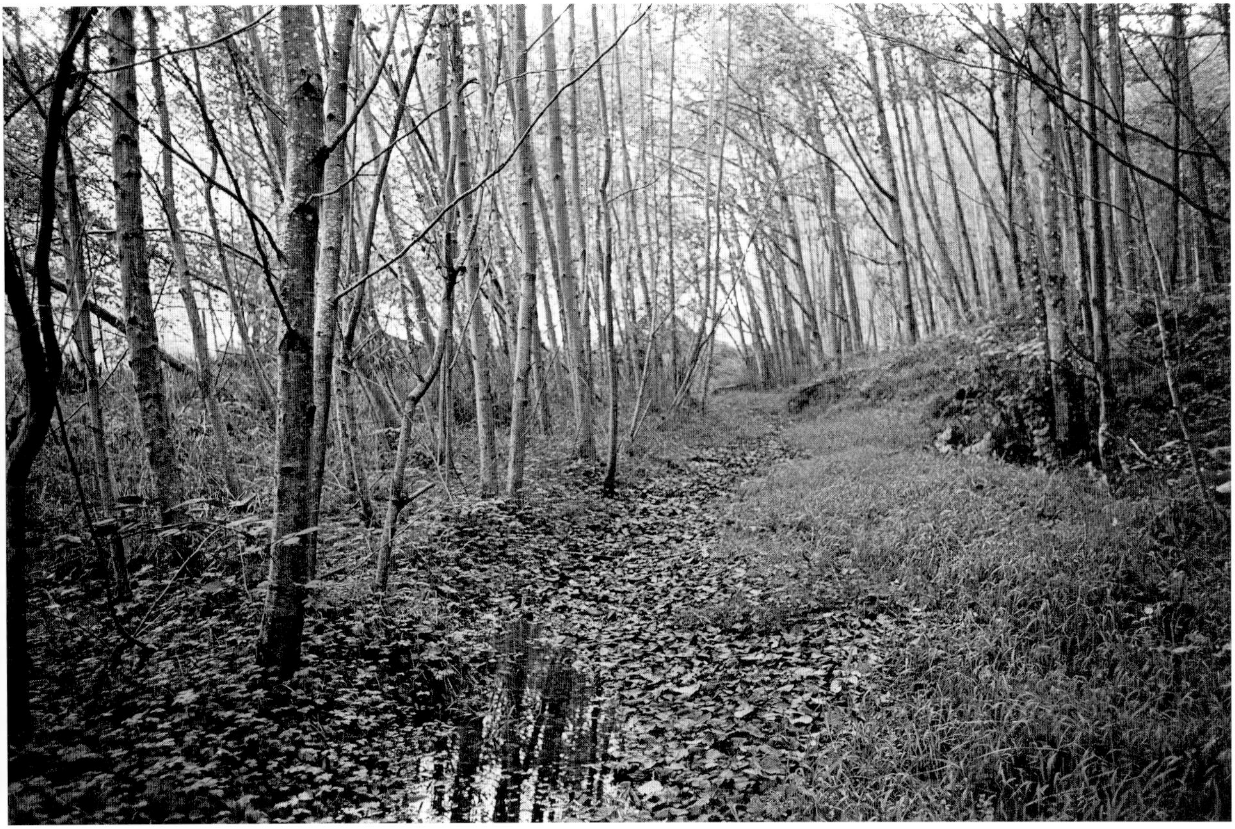

巧妙な判断を樹は常に下している。樹は、葉が茂った樹冠を支えるためにどれくらいの木部細胞をつくるべきかを、内側の細胞を保護するためにどれくらいの樹皮で覆うべきかを、生きた細胞層に伝えている。もっとも外側の樹皮は、樹自身を防御するための盾となっている。豪雨や乾燥、暑さや寒さ、昆虫の攻撃、そして火災さえも、樹はその盾のおかげでほとんどの受難を乗り越えてしまう。

Trees make tricky decisions every day. They tell their living layer just how many wood cells to make to support the leafy crown and how much bark to built to protect the wood beneath it. The outer bark is the tree's protective shield. It allows trees to live through almost anything - intense rain and drought, heat and cold, insect attack, even fire.

心材は樹の中心にある支柱で、樹の種類によっては鋼と同じくらい堅固なものがある。心材は樹皮の外層が損傷しないかぎり、腐敗したり、堅固さを失ったりすることはない。樹幹の肥大は、心材のすぐ外側の薄い細胞層「形成層」でのみ起こっている。この薄い細胞層は、枝先の葉芽で生成された植物ホルモンを感受し、成長する。このことから、樹にも感覚があることがわかる。さらに植物ホルモンは樹を光の方向へと導いている。

Heartwood is the central supporting pillar of the tree, and in some species it is as strong as steel. It will not decay or lose strength while the tree's outer layer of bark are intact. All of the growth in a tree trunk occurs in a thin inner layer, just outside the inner heartwood. This layer grows in response to hormones – produced by leaf buds at the ends of branches—that reflect a tree's sense of the world. They make the tree reach up, toward light.

Heartwood is ... as strong as steel
鋼(はがね)と同じくらい堅固な心材

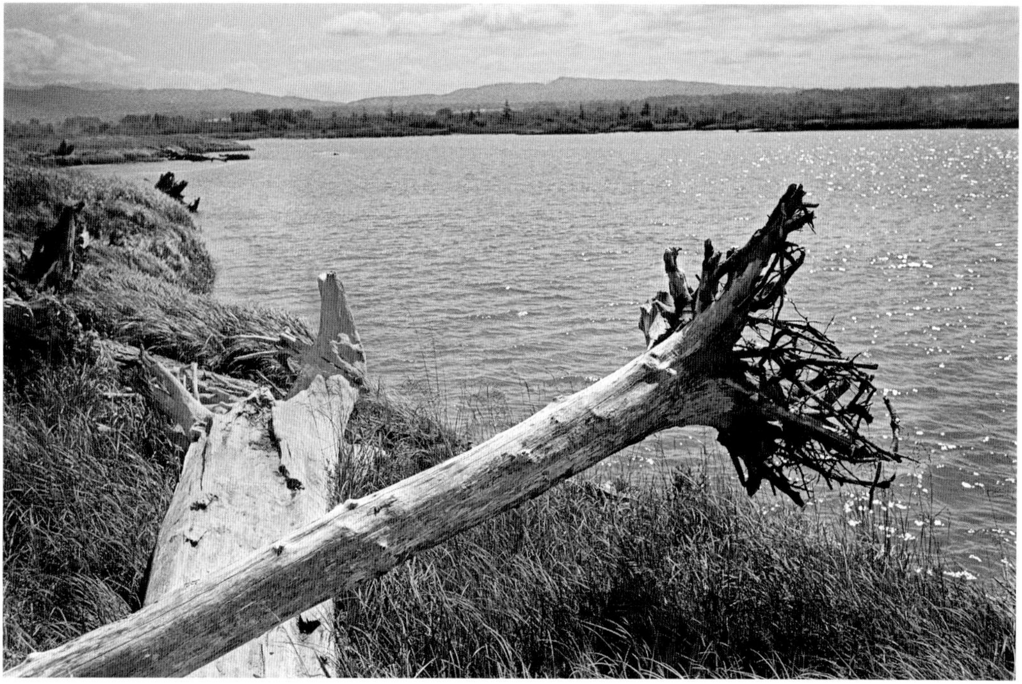

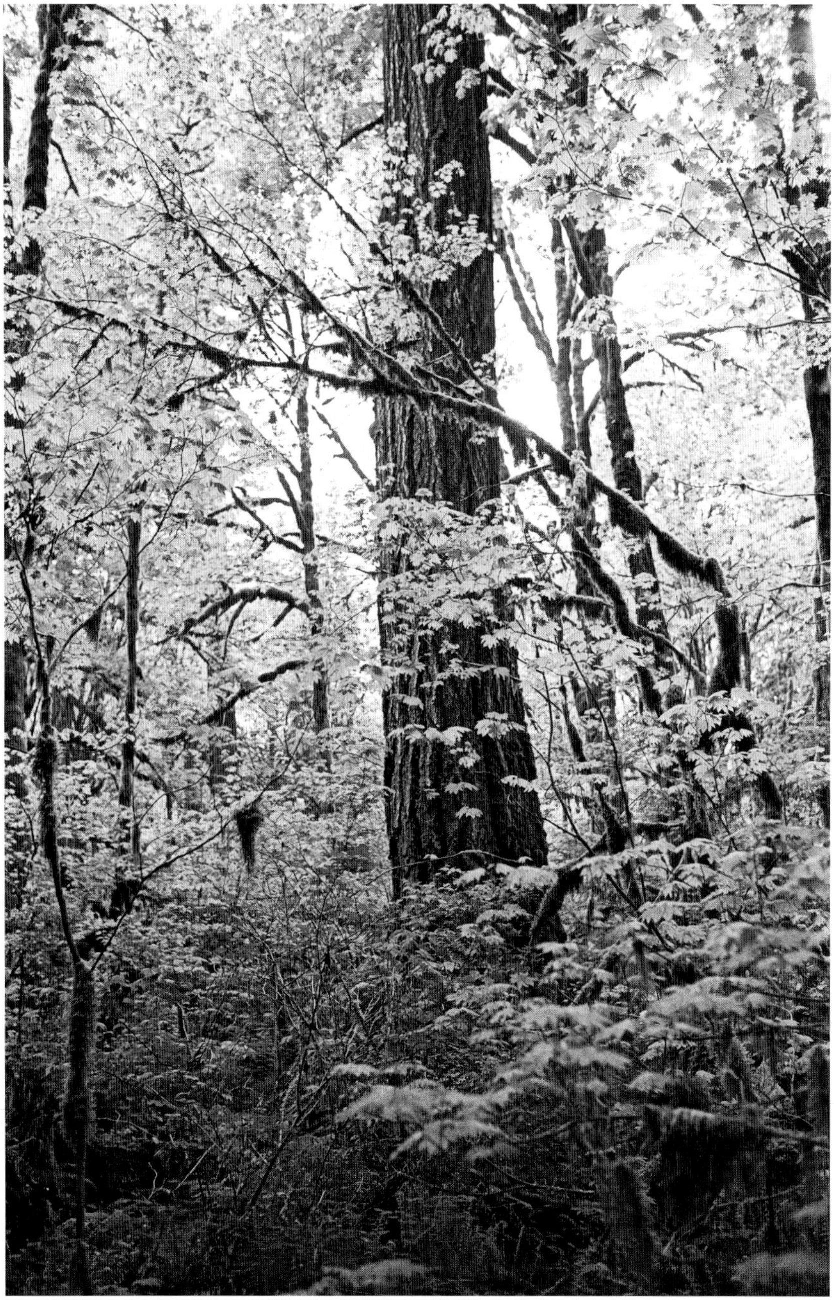

一本の樹幹で、樹ができていると思いがちだ。たしかに、ほとんどの樹が一本の樹幹でできている。だが、不毛の低地帯に生育する軽くて細いたくさんの樹幹をもつ灌木や、山の傍らで威風堂々と一本の樹幹だけで立っている樹があるように、実は多くの樹幹には融通性がある。樹幹の世界記録は、インドのカルカッタに生えるベンガルボダイジュ[1]で一株に3,000ほどの樹幹がある。地上部で連結しているすべての樹幹をあわせると、その広さは1.5エーカー[2]（約6,071m^2）にもなる。1925年に、もとの樹幹は取り除かれてしまったが、いまでも網状に広がっていく枝を支える支持根[3]を伸ばしながら成長を続けている。

We tend to think of trees as having one trunk, and most do. But many species have flexible architecture, growing as light, multistemmed shrubs in arid lowlands and as majestic trees with single trunks in nearby mountains. The record in trunks goes to the Great Banyan Tree, a single individual in Calcutta with about 3,000 trunks, all connected aboveground and spanning an area of 1.5 acres. The original trunk was removed in 1925, but the tree keeps growing, sending down new prop roots to support its sprawling network of branches.

1) ベンガルボダイジュ Ficus benghalensis（クワ科 Moraceae）：熱帯アジア原産の常緑高木。枝が横に広く張り出す。
2) 1エーカー＝およそ 4,047 m^2
3) 支持根：枝や茎から空気中に垂れ下がった根で、気根ともいう。地面に達して根をはり、樹木を支える役割をしている。

カ　ロリナポプラ[1]のコロニー[2]は、もっと巧みな驚くべき構造をしている。アメリカ合衆国ユタ州にある「パンド」[3]と呼ばれているカロリナポプラのコロニーには、約4万7,000本の樹幹がある。しかもすべての樹幹が地下の根系でつながっていて、遺伝的に同一である。「パンド」は、重さ約7,275トン、広さ約100エーカー（約40 ha）にも及ぶ。そのため地球上で最も重い生物と考えられている。このコロニーは少なくとも樹齢8万年とされているが、もしかすると樹齢100万年以上かもしれない。

Aspen colonies exhibit more subtle architectural wonders. One colony in Utah, called Pando, comprises about 47,000 trees—genetically identical stems connected underground by a massive root system. Pando is thought to be the heaviest organisms on Earth, weighing an estimated 7,275 tons and spanning about 100 acres. The whole colony appears to be at least 80,000 years old and possibly more than a million years old.

1）カロリナポプラ *Populus tremuloides*（ヤナギ科 *Salicaceae*）：北アメリカ原産で、樹高が低く、樹形は横に広がる。別名アメリカヤマナラシ。
2）コロニー：無性生殖によって増殖した個体群。
3）パンド：アメリカ合衆国ユタ州フィッシュレイク国有林に生育するカロリナポプラ。

...the tree keeps growing...
樹は成長し続ける

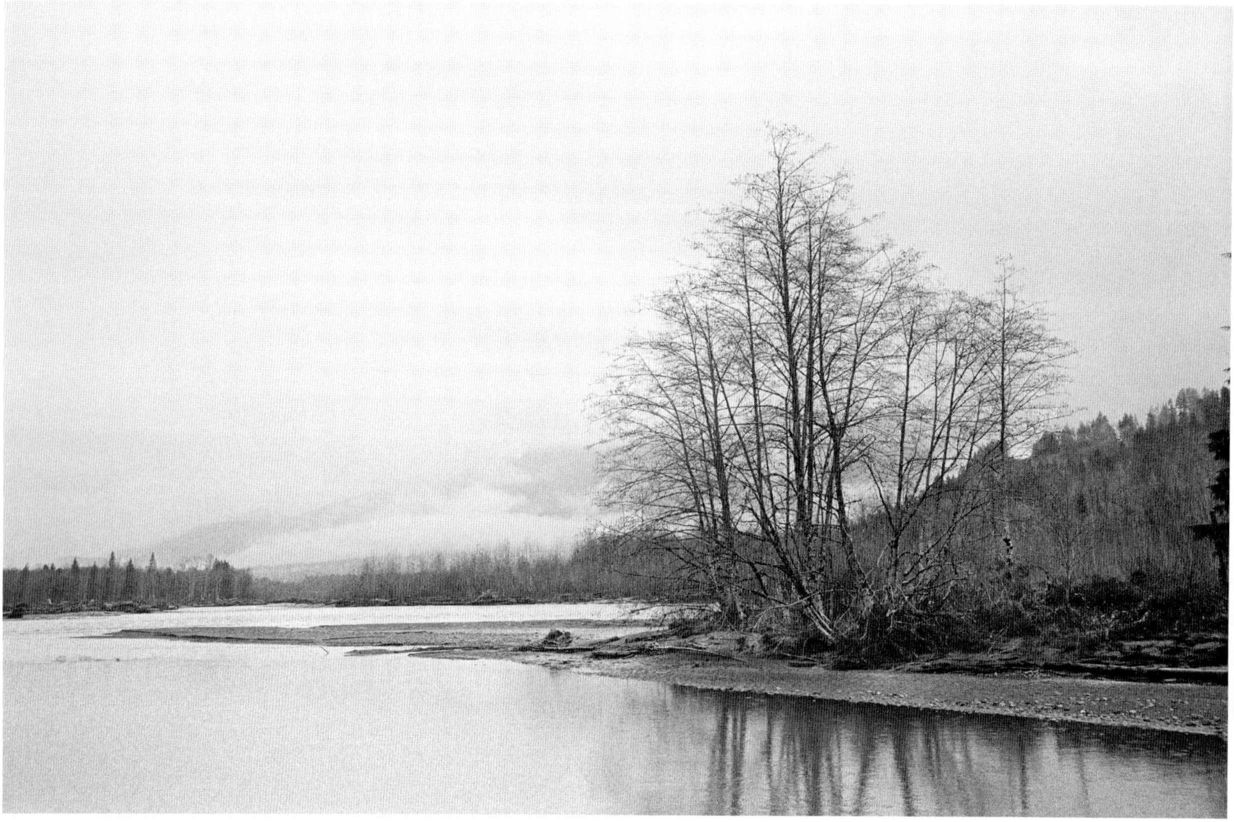

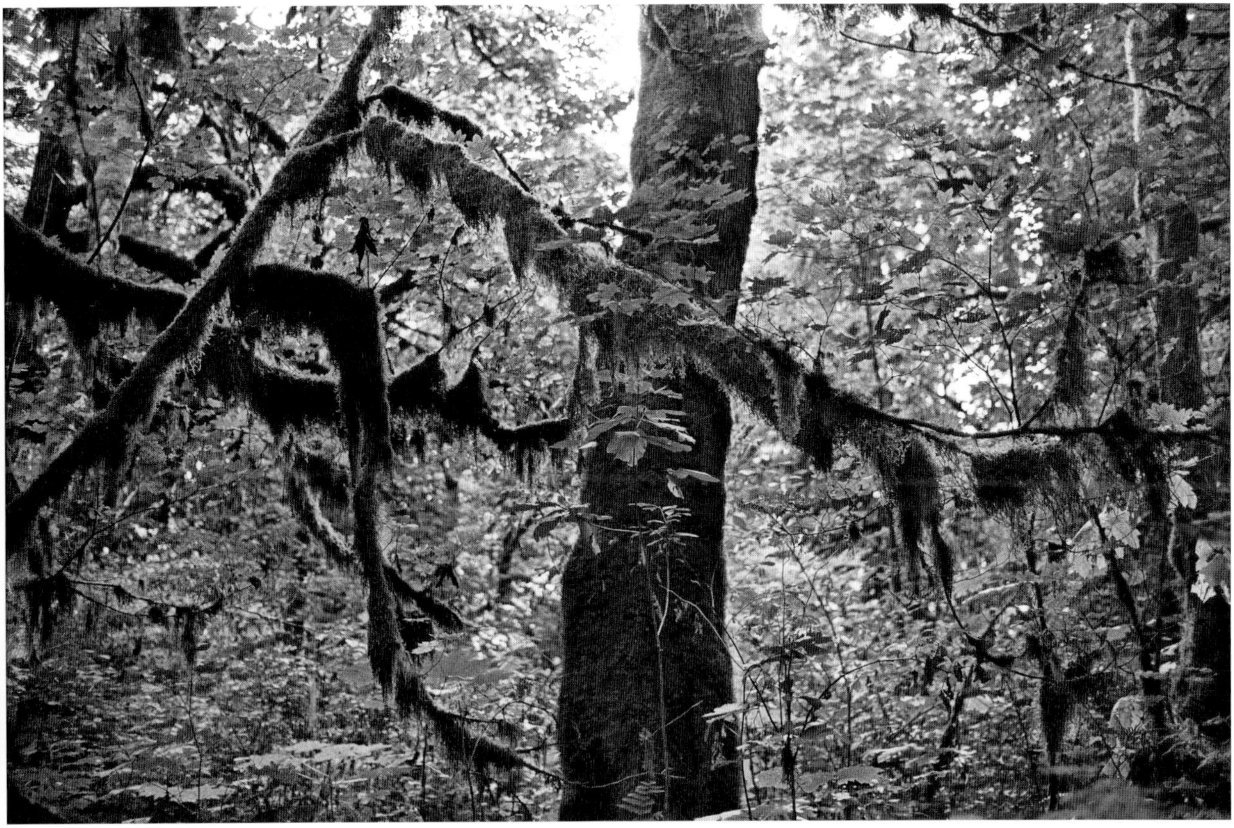

Tree rings let
年輪は本の

樹は、地球上で最も長命な生物といえる。有名なものには、カリフォルニアのブリスルコーンパイン[1]、セコイアデンドロン、ウエスタンジュニパー[2]がある。「メトシェラ」[3]と呼ばれている最も長命なブリスルコーンパインが発芽したのは、人類が文字を書き始めた約5,000年前と考えられている。

Trees are the longest lived organisms on Earth. Among the oldest known individual trees are California's bristlecone, giant sequoias, and western junipers. The oldest known living bristlecone, called Methuselah, germinated back when humanity was inventing writing, about 5,000 years ago.

1) ブリスルコーンパイン *Pinus* sp.（マツ科 *Pinaceae*）：アメリカ合衆国西部の亜高山帯に自生する *Pinus aristata*、*P. longaeva* および *P. balfouriana* の総称。
2) ウエスタンジュニパー *Juniperus occidentalis*（ヒノキ科 *Cupressaceae*）：アメリカ合衆国西部の高度 800-3,000m に自生する
3) メトシェラ：旧約聖書の創世記に記載され、969歳まで生きたとされるノアの祖父。

us read into the past like the page of a book...
ページをめくるように過去へといざなってくれる

年輪は本のページをめくるように、私たちを過去へといざなってくれる。過去の森の様子や、樹が遭遇した火災、雨、気温や、実り豊かな時期と厳しい試練に耐えた時期を目にみえる形で描写してくれる。年輪の物語は、人類が経験したことまで伝えてくれる。大地がミルクと蜂蜜で満たされていたような豊かな時代や貧困に襲われた時代。さらに、人々が争い、その土地を捨て、時に文明が滅んだことまでも。

Tree rings let us read into the past like pages of a book, revealing to the trained eye rich descriptions of past forests and their experience of fire, rainfall, temperature, their times of plenty and of intense struggle. Their stories tell us about the experience of people, too—when the land flowed with milk and honey and when it didn't, clues to why past societies fought, moved, and sometimes disappeared.

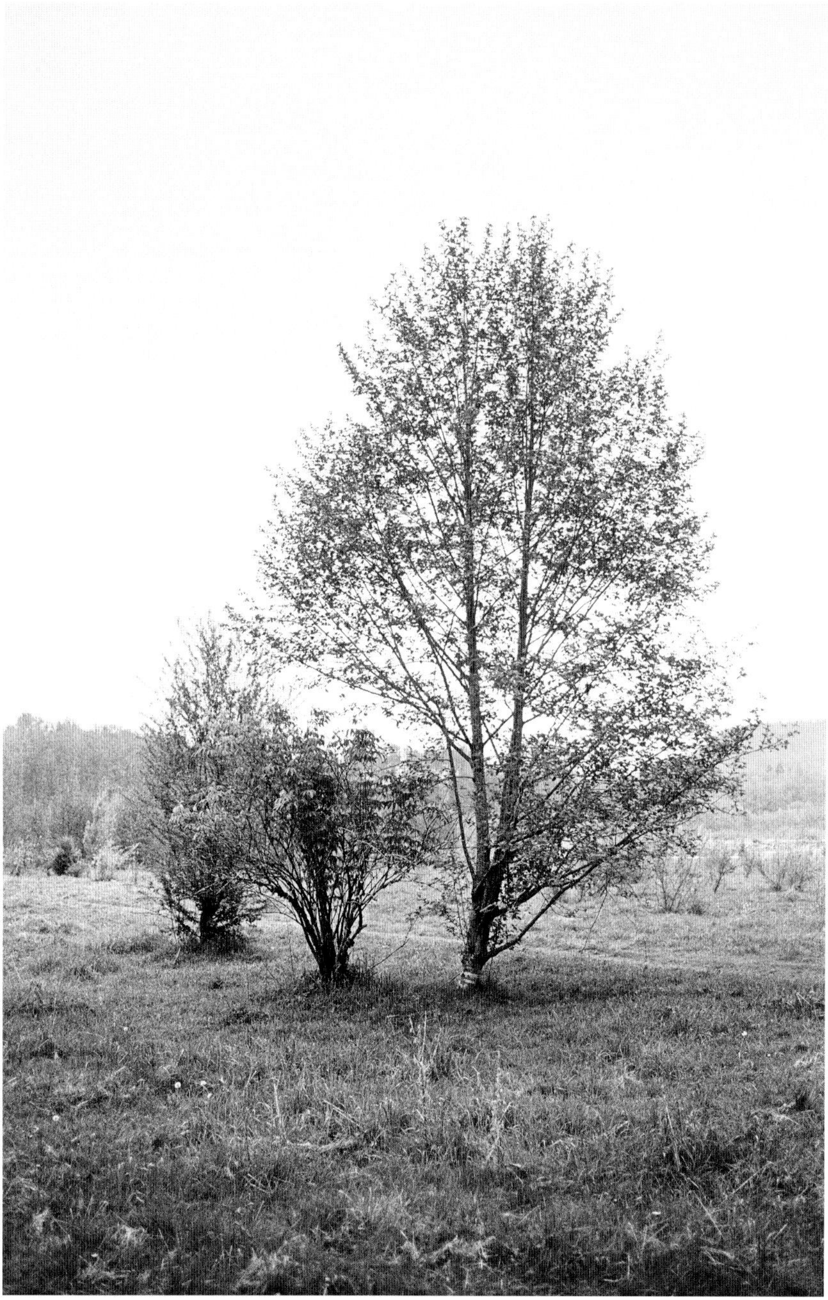

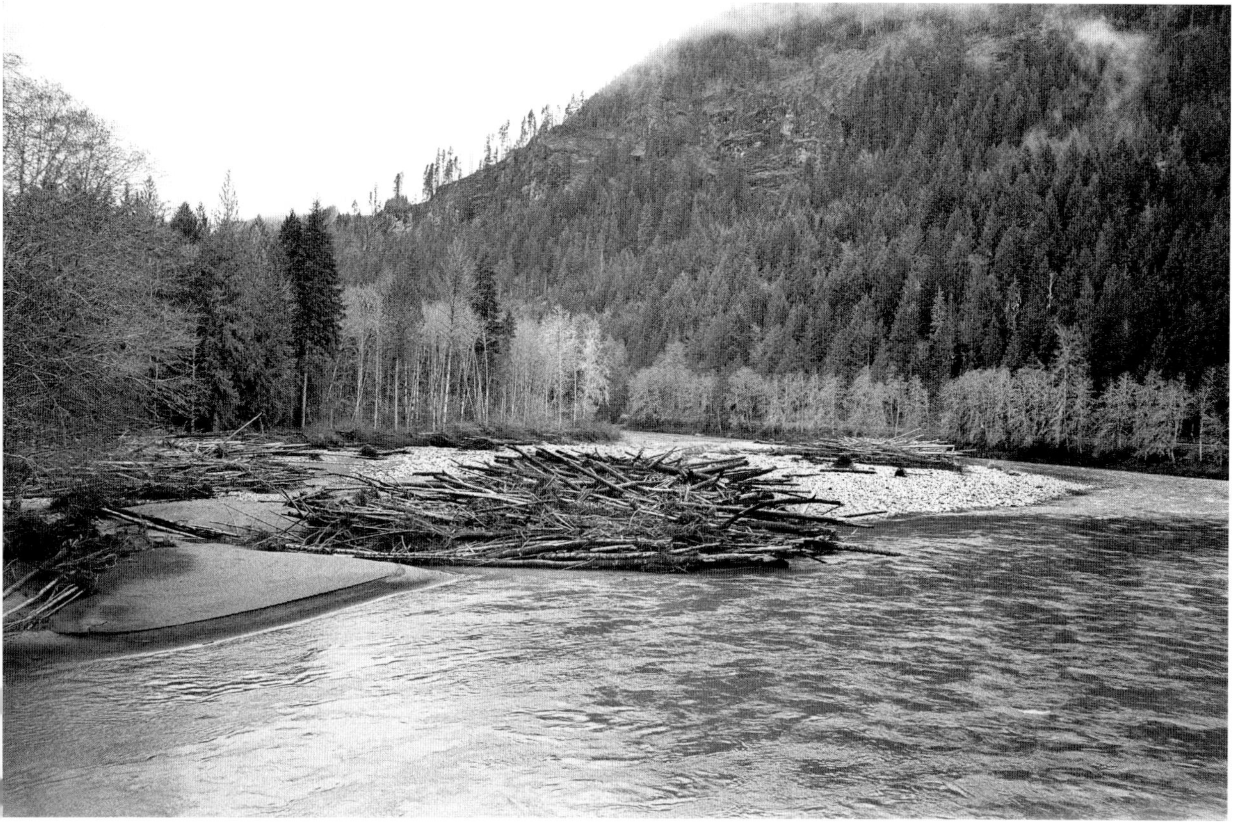

うまれかわるとは壊滅的なプロセスを経ておこると考えるなら、樹には寿命がないといえるかもしれない。信じられないかもしれないが、火災、害虫や疾病の大発生のような致命的なできごとや、ヒトによって死に追い込まない限りは、樹の生命の営みは永遠といえるかもしれない。

It seems that trees don't grow old in the usual sense of progressive disruption of metabolic processes of renewal. Amazingly, trees' life processes might possibly go on forever in the absence of catastrophic events like fire or outbreaks of pests and disease, the primary nonhuman causes of tree mortality.

...trees' life processes might possibly go on forever...
樹の生命の営みは永遠といえるかもしれない

はるか昔に死んでしまった樹でも、美しい方法で生かすことができる。人々は、道管を輪切りにしたときに現れるうつくしい木目を、建築物やデザインに美を添えるために利用している。ハワイだけに自生するコア[1]のうつくしい木目は、立体的に見える多彩な色彩できらめいている。

Long-dead trees can live on in beautiful ways. People employ exceptional grain—the lines revealed when water-bearing vessels are cut across—to add beauty in all manner of building and design. The prized grain of *Acacia koa*, a tree growing naturally only in Hawai'i, shimmers in many tones that seem to move in three dimensions.

1）コア *Acacia koa*（マメ科 *Fabaceae*）：長く真っすぐな幹を持つので、古来よりカヌーの材料として使用された。近年では木工芸品、ウクレレなどの楽器に使われている。

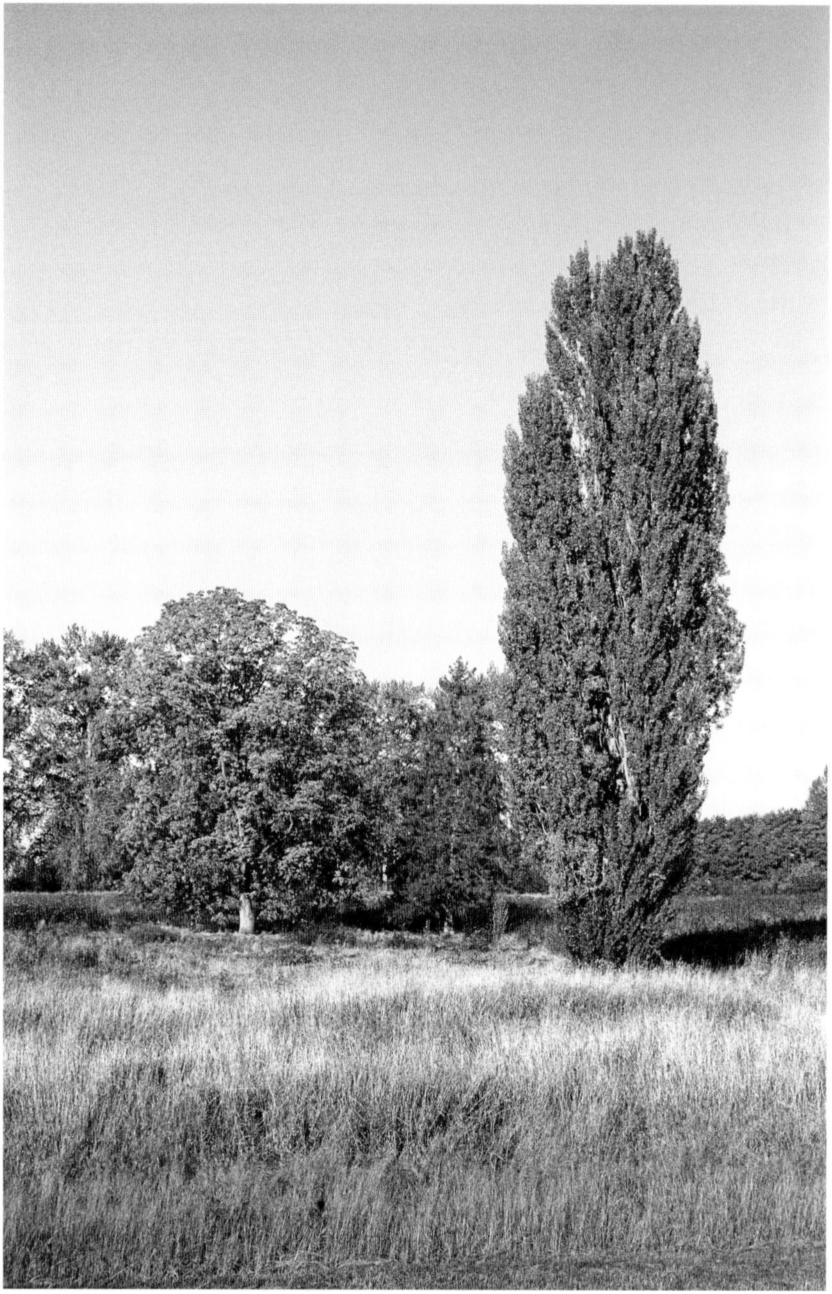

音となっても樹は生き続けられる。なぜ17世紀後半から18世紀前半の名工によってつくられたヴァイオリンが、現代の楽器よりも優れた音を奏でることができるのか、人々の間で長く議論されてきた。最も有名なヴァイオリン製作者であるアントニオ・ストラディヴァリ[1]は、いまよりも長い冬と涼しい夏が続いた小氷期[2]中頃に育った樹で楽器をつくった。この時期の樹はとてもゆっくりと育ったため、木目は非常に均質となった。こうした気候条件と、木材が切り出されたイタリア・アルプス南部が樹の成長に適した生育環境であったという二つの好運なめぐりあわせがあった。だが、ストラディヴァリの「黄金期」以降、このような好運なめぐりあわせは訪れていない。

Trees live on through sound as well. People have long debated whether and why the instruments produced by master violin makers of the late seventeenth and early eighteenth centuries have superior tonal qualities compared to those of today. Antonio Stradivari, the most celebrated violin maker, produced instruments from trees grown in the middle of the Little Ice Age, a period of longer winters and cooler summers—and thus used wood with slower, more even growth. These climate conditions, combined with the exceptional growing conditions in the southern Italian Alps where the wood was taken from, have not recurred since Stradivari's "golden period."

1) アントニオ・ストラディヴァリ（1644-1737年）：イタリアで活躍した弦楽器製作者。弦楽器の名器ストラディヴァリウスを製作したことで有名。
2) 小氷期：約1550-1850年頃まで続いた寒冷な期間。

地上の森の変遷は、同時に地球上の化学的性質や気候をも変化させてしまう。小氷期がおこったのは、アメリカ大陸に渡ったヨーロッパ人によって多数の原住民が殺害され、耕作されなくなった農地が再び森林になったためともいわれている。産業革命以降、大気中の二酸化炭素量増加による地球温暖化は、ヒトによる森林破壊が主な原因となっている。今日、多くの森林が回復してきているが、それでもヒトによって排出されている二酸化炭素の25%を吸収しているにすぎない。

As Earth's forest change, so do her chemistry and climate. The Little Ice Age (ca.1550—1850) may have been triggered in part by the regrowth of forest on abandoned farmland, following the arrival of Europeans in the Americas and the resulting decimation of native peoples. Since the Industrial Revolution, a substantial portion of the increase in the carbon dioxide content of the atmosphere now warming the planet results from deforestation by human hands. Today many forests are again recovering and are absorbing 25 percent of carbon dioxide emissions from human activity.

Trees live on through sound...
音となっても、樹は生き続けられる

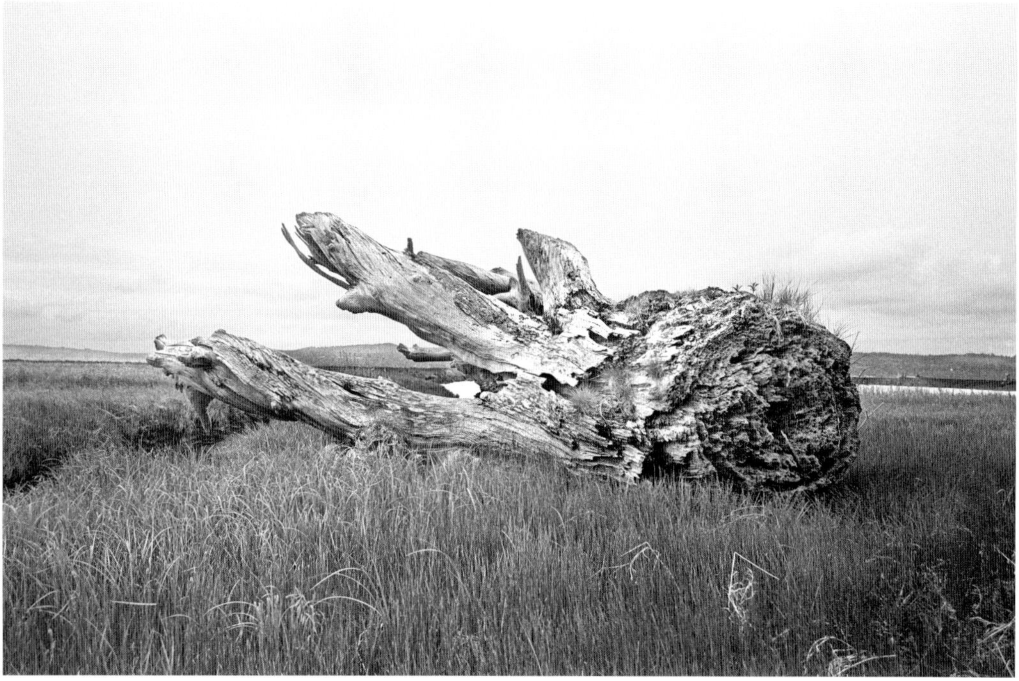

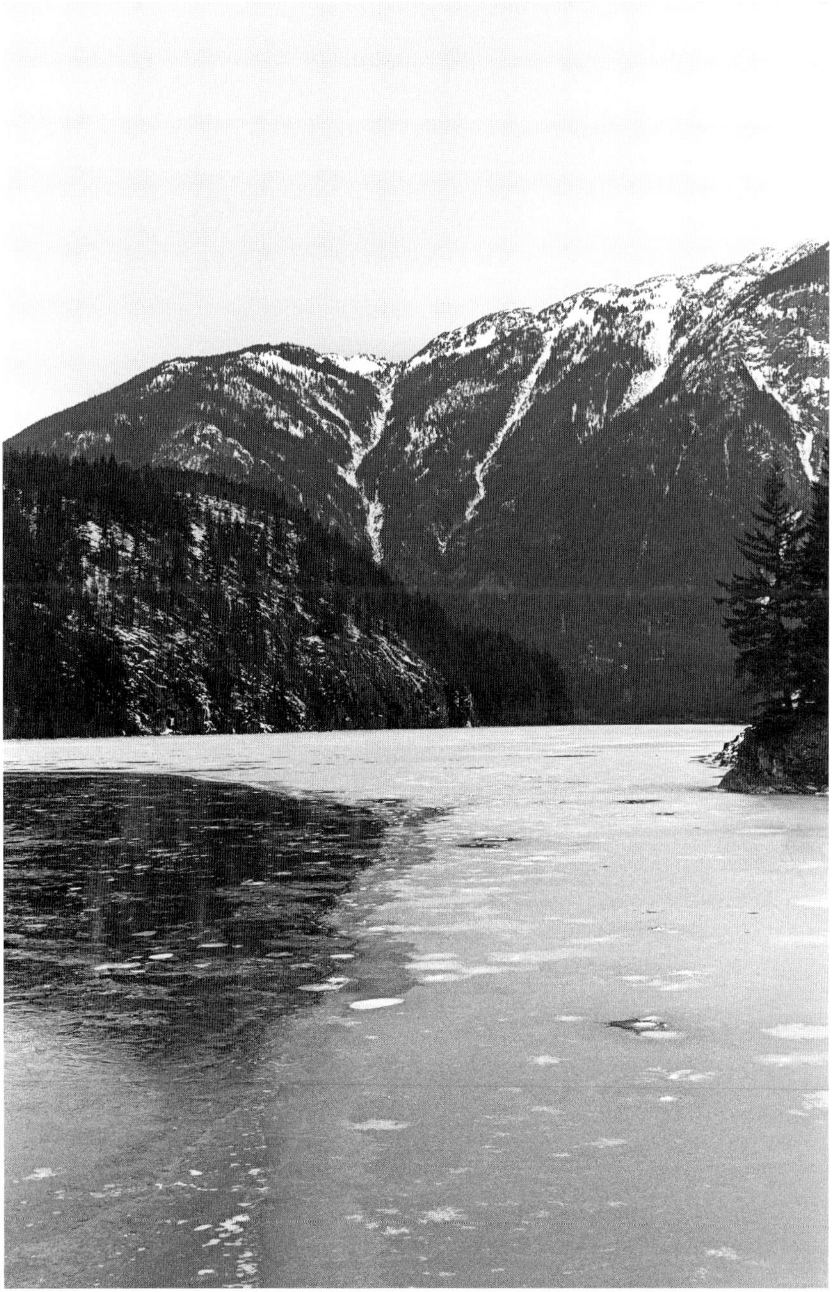

悠久の時の中で、樹がヒトを形づくった。8,000万年もの間、樹上生活をとおしてヒトの祖先は、目で手の動きをコントロールできるようになり、手先の器用さを獲得した。気候が乾燥し、ヒトの祖先がサバンナに降り立つと、ヒト独自の進化の道を歩み出し、直立歩行を始め、手が自由に使えるようになっていった。こうして樹は、ヒトに対して他の生物にはない固有の特徴を与えた。つまり、ヒトは樹によって創造されたといえる。

Trees have shaped human beings in profound ways. Living in trees for 80 million years or so, our ancestors acquired exceptional hand-eye coordination and dexterity. When the climate dried and they came down into the savannah—on their way to becoming uniquely human, walking upright and with hands free—they were primed to do the most human of things: to invent.

ヒトのあらたな発見を後押ししてきたのは樹である。早い時期に、アフリカにいたヒトの祖先が、最初に火の取り扱いを覚えた。薪を燃やすことによって、北の寒冷な環境にも進出できるようになり、加熱しないと食べられなかった多くの素材を食用にすることができた。原始的なストーブに薪をくべることによって、樹は巨大で多くのカロリーを必要とするヒトの脳の進化を後押しした。ヒト固有の社会システムは、こうした初期の原始的なストーブの周りで進化してきたと考えられている。薪は、石器時代から青銅器時代、鉄器時代へと社会を押し進めていった。こうして道具や武器、加工品をつくるために鉱石を溶かすことを覚えると、文化はますます複雑になっていった。さらに後の大航海時代には、すぐれた木造船で海洋に乗り出して、見聞と交易を広げるための広大なフロンティアを切り開いていった。

Trees fueled human discovery, literally. In the early days, after our African ancestors first mastered fire, burning wood unlocked cold northern environments and rich food resources inaccessible before cooking. By supplying the wood for primitive stoves, trees may have powered the evolution of large, calorie-hungry hominid brains. Humanity's unique social system is thought to have evolved around the earliest of those hearths. Wood propelled societies from the Stone Age into Bronze Age and the Iron Age, when ores were smelted for the production of tools, weapons, and artifacts that marked increasingly complex cultures. Later the Age of Discovery was launched with fine-timbered ships that opened vast frontiers of knowledge and global exchange.

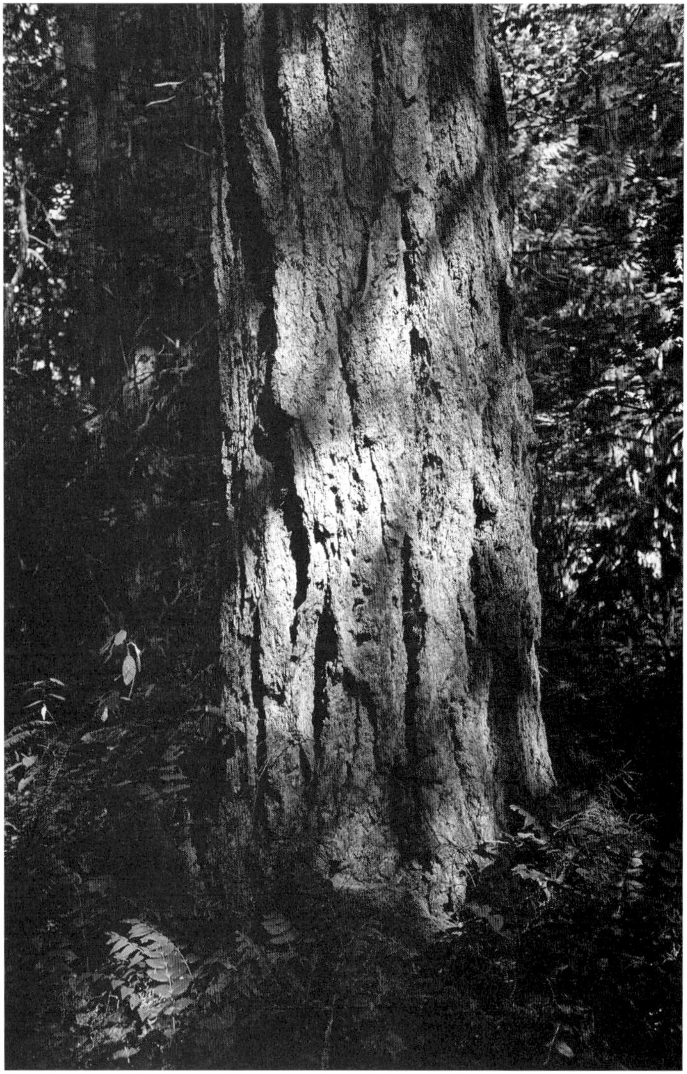

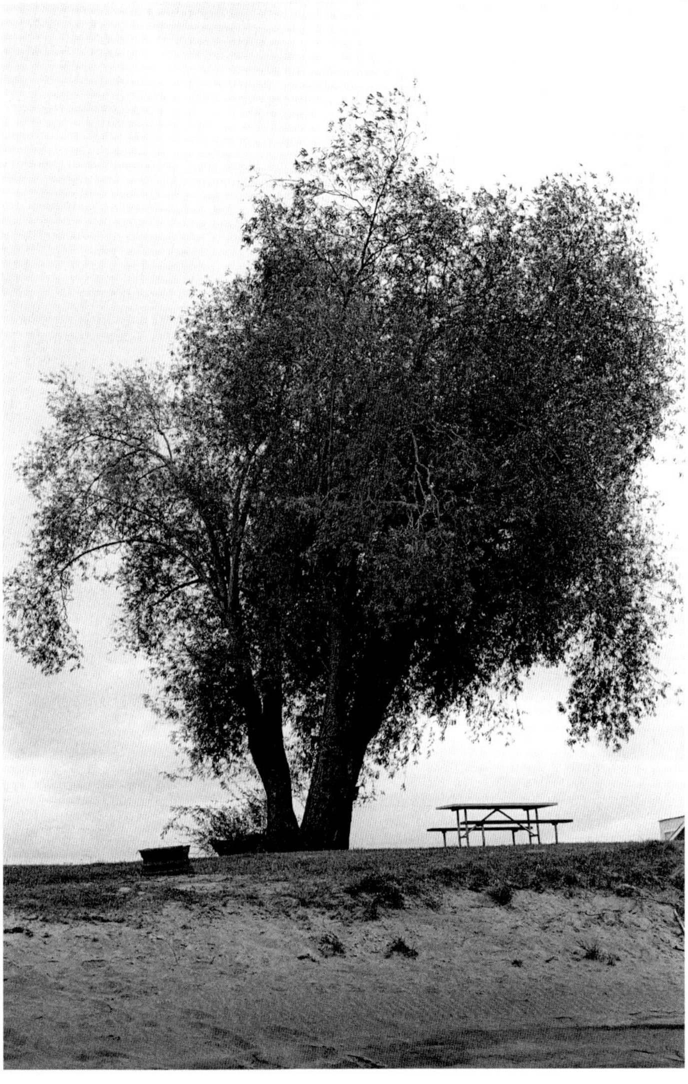

最近になって、ようやくヒトは樹から受けているたくさんの恵みに気づきはじめている。まだ知見は少ないが、熱帯雨林がコーヒーの生産量を20％増やし、品質を27％高めていることがわかった。この恵みをもたらしているのは、ふだんは森に棲み、花の頃になると農場にやってきて送粉をしてくれる無数のハチたちだ。（ほとんどのハチは刺さないが、忘れてはいけないのがハリナシミツバチで、怒らせるとヒトの眉毛を引っ張る。）これも知見が少ないが、ヒトが食べる作物の70％はハチたちによって生産を高めてもらっている。そして、ハチたちのほんのひとにぎりかもしれないが、繁殖のためには森が必要だ。

In modern times, people are just beginning to appreciate the many benefits of trees. Some insights seem small—like the recent finding that tropical rainforest can boost coffee yield by 20 percent and its quality by 27 percent. These boosts are thanks to myriad bees that live in the forest and pollinate crops on nearby farms when they bloom. (Most of the bees do not sting, though some, like the memorable *Scaptotrigona mexicana*, will yank out a person's eyebrow hairs when annoyed.) Small insight, yet 70 percent of the crop varieties that feed humanity get a yield boost from pollinators, an unknown fraction of which need forests to flourish.

数字に置き換えるのはむずかしいが、その他にもよく知られている恵みがある。それは、自然とのふれあいが肉体、情緒、思考を高めてくれるということだ。窓から樹が見える病室の患者は、ブロック塀しか見えない患者よりも回復が早いという有名な研究がある。このような恵みをもたらしてくれている主役が樹であることは、多くの社会で明らかになっている。樹は自然に対して畏敬の念を抱かせる神聖な木立や、肉体や精神を回復させるための場所をつくりだしてくれている。樹が広大な森林として拡がっていようと、人為的な景観の中でリボンや点のように孤立していようと、私たちの生命と未来は樹にゆだねられている。

Other benefits, harder to quantify but widely shown, are the physical, emotional, and cognitive boosts from experiences in nature. A famous study found that patients with trees outside their hospital windows recovered from surgery more quickly than patients whose windows looked out on brick walls. Trees' starring role in producing these benefits is evident in many societies, in sacred groves honoring natural spirits and in the designation and design of places for recovery of the human body and spirit. Whether living as great wild expanses or as ribbons and dots of connection and texture in human landscapes, trees define our lives and the future of humanity.

... trees define our lives
樹にゆだねられている私たちの生命

謝辞

　この本のイメージは、すべて自然が美しいワシントン州スカジット川地域でつくられました。スカジット川は150マイルの長さにおよび、ブリティッシュ・コロンビアに端を発しています。山から森、街、農場を流れ、シアトルの北70マイルにあるピュージェット湾の湾口にたどり着きます。集水域は3,000平方マイルにも及びます。チャールズ・カッツ・Jrは、人生の大半を過ごしたスカジット川の下流域を知り尽くしていました。さらに彼は、そこに住む人々が自分たちの生活を守りながらも、多くの自然を保全してきたことを、昔から賞賛してきました。グレチェン・デイリーは、父を失う間も二度この地を訪れました。私たちは、スカジットのことを教えてくれて、景観保全に身を捧げた Bob Carey、Roger Fuller、Danelle Heatwole、故David Weekesに深謝します。

　同僚や友人の支えや示唆にも感謝します。Robert Adams, Peter and Helen Bing, Haydi and Damon Danielson, Paul and Ann Ehrlich, George Fisher, Jimmy and Emmy Greenwell, Elizabeth Hadly, Neil Hannahs, Ana Maria Herra, Peter Kareiva, Mona Kuhn, Patti Lord and Jhon McMillan, Hal Mooney, Jim Salzman, Vicki and Roger Sant, John Schroeder, and Kelsey, Tim, and Wren Wirth方々に深謝致します。スタンフォード大学の保全生物センターのBill Anderregg, Becca Goldman Benner, Larry Bond, Greg Bratman, Kate Brauman, Berry Brosi, Janet Elder, Luke Frishkoff, Josh Goldstein, Liba Pjchar Goldstein, Rachelle Gould, Danny Karp, Edith Katsnelson, Yicheng Liang, Chse Mendenhall, and Jai Ranganathanにもたいへんお世話になりました。

　最後に、言葉で言い尽くせないほど家族に感謝しています。

【著者略歴】
グレッチェン・C・デイリー
スタンフォード大学環境科学科教授。生物多様性保全と農業の調和、生態系レベルでの生態系サービスの生産やその価値の定量化、さらに生物多様性保全と人類の発展を融和させるための新たな方針や融資の大きな枠組みづくりなどの研究に取組んでいる。政府、企業、コミュニテイーが自然の経済的価値を評価する際に大きな影響を与える「自然資本プロジェクト」を設立し、運営を行っている。また the Sophie Prize, the International Cosmos Prize, the Heinz Award, and the Midori Prize などを受賞。これまで多くの論文や書籍を出版。主な編著にキャサリン・エリソンとの共著である *The New Economy of Nature: The Quest to Make Conservation Profitabl*（邦訳『生態系サービスという挑戦』名古屋大学出版会）がある。

チャールズ・J・カッツ・Jr
弁護士、会社役員のかたわらプロカメラマンとして活躍。the Nature Conservancy of Washington、the Natural Capital Project, Stanford University's Woods Institute for the Environment, Stanford's School of Earth Sciences の各委員を務める。主な写真集にケビン・R・ポーグとの *Etched in Stone: The Geology of City of Rocks National Reserve and Castle Rocks State Park, Idaho* がある。

【編訳者略歴】
南　基泰（みなみ　もとやす）
1964年生まれ。近畿大学大学院農学研究科博士後期課程満期退学。
中部大学応用生物学部環境生物科学科教授。専門分野：分子生態系、薬用植物学
編著：「根の事典」（1998）朝倉書店、「環境生物学序論」風媒社（2013）、「恵那からの花綴り」風媒社（2010）など。

宗宮弘明（そうみや　ひろあき）
1946年生まれ、名古屋大学大学院農学研究科博士課程満了。中部大学教授、名古屋大学名誉教授。
専門分野：魚類生物学，環境生物学。
共編著：「魚の科学事典」朝倉書店（2005）、共訳書：「生態系サービスという挑戦」名古屋大学出版会（2010）など。

訳者あとがき

　本書は、Gretchen C. Daily, with photographs by Charles J. Katz Jr., THE POWER OF TREES (Trinity University Press, 2010) の全訳である。原書は、おシャレな感じの約60頁のハードカバーのギフトブックで、グレッチェン・デイリー（1964年生まれ）が「樹の力」についての詩的な文を、グレッチェンの友人で著名な写真家チャールズ・J・カッツ・Jr.（1947年生まれ）が「樹とそのランドスケープ（地形的・空間的秩序のありさま）」をモノクロ写真で展開している。グレッチェンは、世界的な保全生物学者で、現在はスタンフォード大学の生物学部教授、保全生物学研究センター所長、国際的な「自然資本プロジェクト」の設立者の一人でもある。チャックは弁護士を引退し、現在プロの写真家として活躍中である。二人は、自然資本プロジェクト」の活動で知り合い、意気投合し「樹の恵み」を考えるための「今までにない、小さな新しい本」を作ることになったとのことである。この本のために、数度にわたり、二人はワシントン州のスカジット渓谷にある森を散策してきた。この本で、チャックは「読者は僕の眼を通してランドスケープを眺め、グレッチェンの素敵な語りを聞くのです」と言う。グレッチェンは「雑多で多忙な現代生活の中で忘れてしまった私たちと樹の関係を思い起こすために書いたの、どうか樹との深い関係を考え、樹への畏敬と親近感・一体感を取戻して欲しいの」と訴える。

　日本には古くから、「自然の恵み」という言葉があるが、英語ではそれを「生態系サービス」または、「自然のサービス」と呼んでいる。グレッチェンは、人類の生存基盤となる地球生態系を守るために、生態系からのサービスが如何に人類に貢献しているかを解明することが重要とし、世界に先駆けて生態系サービスを総合的に理解する企画を成功させ、それを編集（*Nature's Services*, Island Press, 1997）した経験を持つ。その「Nature's Services（自然の恵み）」の出版により、「Ecosystem Services（生態系サービス）」という言葉が世界に普及し膨大な研究がなされ、その言葉が地球環境保全のための新たな概念として確立した。エドワード・O・ウィルソン（ハーバード大学教授）は、「生物多様性」概念の確立と普及の労を認められ「生物多様性の父」と呼ばれているが、デイリーも「生態系サービスの母」と呼ばれるにふさわしい人格と業績の持ち主だと、私はまじめに考えている。デイリーは自分で「I work day and night. I'm basically a fanatic.（私って熱狂主義者なの）」というほどの仕事人である (Nature, 462:270-1, 2009)。最近のメールによれば、現在中国のフィールドで情熱的に研究を進展中とのことである。生態系サービスについて、さらに学びたい人には、デイリーとエリソン『生態系サービスという挑戦』（藤岡伸子、谷口義則、宗宮弘明訳2010、名古屋大学出版会）をお薦めする。

宗宮は、中部大学開学50周年記念書籍『持続可能な社会をめざして："未来"をつくるESD』（飯吉厚夫編，平凡社2014）の一節「生物多様性と生態系サービス」を纏めるに際し、デイリーの最近の論文を探索し、そこで本書を見つけたのである。1年生の授業「スタートアップセミナー」（2013年春学期、20名授業）でこの本を輪読し、学生とともに楽しく逐語訳をつくることが出来た。その訳文を1年生の授業「環境問題入門」で使用したところ、学生から、私たち人類がこんなにも樹と深い関係にあることは考えても見なかったという「驚き」の感想がたくさん集まった。その後、この本に興味を持った学生（当時、環境生物科学科1年生4名：桐井章博君，小池悠斗君、小林ゆいさん、清水由衣那さんと4年生：門野未奈さん）で、「中部大学グループ：ツリー」をつくり、夏休みに数回訳文を議論した。その原稿を植物に詳しい南基泰教授に検討していただいた。そして、最終的に宗宮が体裁を調整してできたのが本訳書である。

　宗宮は、3.11（2011）の後すぐに中部大学に着任し、環境問題入門などを講義してきた。原発事故被害の全貌、気候変動、枯れ葉剤の影響、海洋の汚染と乱獲，熱帯雨林の消滅、などである。授業を進める中で、これらの事実は、大学生にとっても「負担・責任」が大きすぎるのではないかと考えるようになった。そこで本書を大学生と楽しく読み、このような、教材が心から必要と思うことが出来た。折しも、ソベルの「足もとの自然から始めよう」岸由二訳（2009、日経BP社）を読み、「重要なことは、子どもが自然の世界と結びつく機会をもつこと、自然を愛することを学び、自然に包まれて居心地の良さを感じることだ。環境破壊について教えるのはそれからで良い」を考慮していたところであった。現在は、本訳書を利用して、「自然破壊と自然愛好」のバランスの良い環境問題入門を組み立てている。

　訳は対訳風となっている。グレッチェンのイメージ豊かな原文を味わってもらいたいための工夫である。訳文は、あまり詩的ではないが、文意のとり間違えはないものと思っている。間違いをご教示いただければ嬉しい。末尾ながら、本訳書を人口の半分を占める「自然愛好な女性に捧げたい」。そして、周りの子どもたちと自然を、樹木を楽しんでもらい自然好きな子どもをたくさん育ててほしいと思っている。その望みこそが、自然の恵みのもととなる「自然資本プロジェクト」を推進する著者たちの望みでもあると確信するからである。グレッチェン、チャック楽しい本をありがとう。なお、出版にご尽力下さった、劉永昇氏（風媒社編集長）と坂野上元子氏、松林正己氏（中部大出版室）にもお礼申し上げる。

2014年9月、冷夏のおわりに
訳者を代表して、宗宮弘明

Text copyright ©2003 by Gretchen C. Daily
Photograph copyright ©2003 by Charles J. Katz Jr.

Japanese translation rights arranged with
TRINITY UNIVERSITY PRESS
through Japan UNI Agency , Inc., Tokyo

Epigraph: "When you think of a tree..." from the *Tibetan Book of Living and Dying* by Sogyal Rinpoche and edited by Patrick Gaffney and Andrew Harvey. Copyright ©1993 by Rigpa Fellowship. Reprinted by permission of Harper Collins Publishers.

中部大学ブックシリーズ Acta　22

樹の力

2014 年 10 月 24 日　第 1 刷発行

定　価　（本体 1000 円 + 税）

著　者　　グレッチェン・C・デイリー
　　　　　チャールズ・J・カッツ・Jr
編　訳　　南　基泰　　宗宮弘明
協力訳者　桐井章博　小池悠斗　小林ゆい　清水由衣那　門野未奈
発行所　　中部大学
　　　　　〒 487-8501　愛知県春日井市松本町 1200
　　　　　電　話　0568-51-1111
　　　　　ＦＡＸ　0568-51-1141

発　売　　風媒社
　　　　　〒 460-0013 名古屋市中区上前津 2-9-14 久野ビル
　　　　　電　話　052-331-0008
　　　　　ＦＡＸ　052-331-0512

ISBN978-4-8331-4116-1